JN073488

AIの
倫理リスクを
どうとらえるか

実装のための考え方

リード・ブラックマン
小林啓倫 訳

Ethical Machines

Your Concise Guide to Totally Unbiased, Transparent, and Respectful AI

Reid Blackman

白揚社

リヴァ（またの名を「リトル」）とレミー（またの名を「バダグーチ」あるいは「バダ」あるいは「ゴージャス・ガイ」あるいは「ゴージ」）に。

彼らは不当な要求をし、ブラックボックスとして機能し、トイレさえも安全ではないほどプライバシーを著しく侵害する存在を私が愛せるという、生きた証である。

目次

イントロダクション

~~良いことをするための~~悪いことをしないAI 9

なぜAI倫理なのか 11
行動規範や規制はないのか 14
AIの特訓コース 15
3つの主要課題 19
　プライバシー 19
　説明可能性 20
　バイアス（偏見） 21
包括性と、「ストラクチャー」「コンテンツ」の区別 22
これから何が起きるのか 25
まとめ 27

第1章

倫理をどう考えるか 29

疑問 31
混乱 32
「倫理は主観的である」と考えることが全く間違っている3つの理由 35
全く間違っている理由の何が間違っているのか 37
　全く間違っている理由1はなぜ全く間違っているのか 37
　全く間違っている理由2はなぜ全く間違っているのか 38
　全く間違っている理由3はなぜ全く間違っているのか 39
なぜこれが問題なのか 40

おいおい、倫理が客観的だって？　41
倫理ではなく、単に消費者の認識について議論すればいいのではないか？　42
運用可能性の問題　42
信頼には倫理的なリーダーシップが必要　43
組織の賛同　44
次はどうするか　44
まとめ　45

第2章

バイアス　公平なAIを求めて　46

最先端と5つの課題　47
差別が生じる可能性はどこから生じるのか？　54
カテゴリー1　学習データに関する問題　55
例1　現実世界における差別　55
例2　アンダーサンプリング　56
例3　プロキシバイアス　56
カテゴリー2　テストに関する問題とユースケースの捉え方　57
例4　粒度の粗いモデル　57
例5　ベンチマークやテストにおけるバイアス　57
例6　目的関数のバイアス　58
緩和戦略　59
2つの重大な欠落　62
箱の中身は？　64
まとめ　64

第3章

説明可能性　インプットとアウトプットの間にある領域　67

説明を分解する　69
ブラックボックスを解明する　71
説明の重要性　75

マシンの説明可能性が問題にならない場合　77
人がどう扱われるべきかについての決定を、開発したモデルが直接的に行わない場合　77
ブラックボックスを使う理由についての人間による説明＋
インフォームドコンセントで、使用が正当化される場合　78
マシンの説明可能性が問題になる場合　79
敬意を示すことが倫理的に求められる場合　79
より良い結果を得るための方法を人々が知る必要がある場合　80
どのように考え、決断を下すべきかについて、人々が知る必要がある場合　80
アウトプットがおかしい場合　80
行動の正当化が必要な場合　82
良い説明の条件　84
真実性　85
使用における容易さ、効率、有用性　85
通じやすさ　87
では、インプットはどこから来たのか？　88
まとめ　88

第４章

プライバシー　５つの倫理的レベル　92

「プライバシー」とは何なのか　96
プライバシーとは匿名性のことだけではない　98
プライバシーとは能力である　100
プライバシーに関する５つの倫理的レベル　102
透明性　102
データのコントロール　102
デフォルトでのオプトインか、オプトアウトか？　103
完全なサービス　103
「プライバシーに関する５つの倫理的レベル」をもとに構築・導入する　108
「気味が悪い」という感情への配慮　111
さいごに　プライバシーについて語ることの奇妙さ　112
正しく理解する、きちんと決着をつける　113

まとめ 113

第5章

実際に役立つAI倫理声明 118

標準的なAI倫理声明が抱える4つの問題点 121
問題点1 コンテンツとストラクチャーを混同してしまう 121
問題点2 倫理的価値とそれ以外の価値を混同してしまう 122
問題点3 道具的価値と非道具的価値を混同してしまう 124
問題点4 価値の表現が抽象的過ぎる 128
優れたコンテンツが取るべき行動を示す 130
ステップ1 倫理的な悪夢について考えることで、価値を明らかにする 130
ステップ2 自分のしていることがなぜ大切なのか、組織の使命や目的につなげて説明する 132
ステップ3 自分の価値と、倫理的に許されないと考えられることを結びつける 133
ステップ4 倫理的目標をどのように実現するか、
あるいは倫理的悪夢をどのように回避するかを明文化する 135
この方法で倫理的な目標を作成する利点 137
まとめ 139

第6章

経営陣が到達すべき結論 141

AI倫理基準 144
組織の認識 148
チーム、ツール、プロセス 149
専門家による監視 149
メンバー構成 153
管轄 155
責任 157
KPIを伴うAI倫理リスクプログラム 158
経営陣のオーナーシップ 160
まとめ 161

第7章

開発者向けのAI倫理 163

まずは、製品チームの目線を変える3つの方法について 164
道徳理論に頼らない 165
「人々を不当に扱わない」ことを重視する 167
倫理の専門家を参加させる 172
そろそろツールの話をしないか？ 173
開発（もしくは購入）しようとしているものに、どのような倫理的リスクが潜んでいるか？ 175
製品の開発方法によって、どのような倫理的リスクが生まれるか？ 176
倫理的なリスクが伴う、どのような方法でその製品が使用される可能性があるか？ 176
製品を導入した後に生じる（一部既に生じている）倫理的リスクとはどのようなものか？ 177
導入後に発見された倫理的リスクにはどう対処するか？ 178
プロセスとツール　いつ、どうやって 179
まとめ 184

結論

2つの秘密 186

幕間 116
謝辞 190
訳者あとがき 192
原注 198
索引 202

イントロダクション

~~良いことをするための~~悪いことをしないAI

「ぐにゃぐにゃ」という言葉が頭に浮かんでいる。ぐにゃぐにゃ。ぐにゃぐにゃで摑めない。そこにあるのだが、握ろうとすると――おっと！　手から滑り落ちてしまう。もっと固くて具体的なものならば、どうにかできるのに。しかしぐにゃぐにゃなので、それは混乱、時にはフラストレーション、そして最終的には諦めをもたらすだけだ。

これはある経営幹部がAI倫理について語った際、なぜ彼がその対策をあまり進めていないのかを説明するために使った言葉だ。彼が最初にしたのは、専門家を招いて、この「ぐにゃぐにゃ」について解説してもらうことだった。それを隅に追い詰めて、どこにも逃げられないようにできるかもしれない。また他の専門家は、企業の幹部たちが連想しがちな、「曖昧」や「理論的」、「抽象的」、「主観的」など、倫理に付き物とされる側面について話してくれるかもしれない。

この経営幹部は、自らを科学者やエンジニアと同じように、冷たくて確固とした事実を扱う人間だと考えていた。事実は扱うことも、発見することも、そこから何かを推論することも、追跡することもできる。ところが倫理は、熱くて柔らかく、事実でないものが混ざったスープのようだ。そのような何かはモップで拭き取り、ゴミ箱に捨てるか、あるいは乾くのを待って、カーペットの下に隠してしまうしかない。

しかし科学者もエンジニアも、そしてこの経営幹部も間違っている。倫理はぐにゃぐにゃではないし、できることもたくさんある。倫理によって、さまざまな目標を明確にすることができる。またそうした目標を達成するための戦略を考案し、その戦略を実現するための戦術を展開することができる。AIがもたらす倫理的リスクや評判リスクを特に避けたい場合や、倫理的なAIのフロントランナーであることを売りにしたい場合は、組織のあらゆるところに倫理を導入できる。本書の目的は、倫理についてどう考えるか、特にAI倫理について何を知る必要があるか、そしてそれを業務に定着させる（まぁ、「推進する」という言葉は使わないでおこう。組織変革を成功させる上で、この言葉は少し強すぎるように思われるからだ）ためにはどうすればいいかを伝えることである。何をすべきかをただ伝えるだけではない。するべきことが分かるようになる考え方を教えようと思う。本書の講義が終わるころには、AI倫理の全景を見晴らせるようになり、あなたはその地図を手に入れ、さらにそれを読みこなすために必要なツールを操れるようになっているだろう。

なぜそう言えるのか。それは私が20年以上にわたり、倫理全般、特にAI倫理について研究、出版、講義してきたからだ。私は初め哲学の教授として、その後、フォーチュン500企業から非営利団体、スタートアップ企業に至るまで、ヘルスケア、金融サービス、保険などさまざまな分野における組織のシニアリーダーのために、AI倫理のアドバイザーやコンサルタントとして活動してきた。どちらの役割においても、私の仕事は、私自身の倫理観を伝える「倫理の神官」として行動することではない。そうではなく、他の人々が十分な情報を得た上で、賢明な倫理的判断を下せるようにすることが私の使命だ。また私は、そうした企業への協力と自分自身のビジネスとの間を行ったり来たりする中で、AI倫理を実際に使えるものにし、現実世界のビジネスにおけるニーズに適合させる方法について、多くを学んできた。本書では、さまざまな事例を紹介しながら、私の顧客が直面しているAIの倫理的問題と、私がどのように顧客を安全な方向へ導いてきたかを解説する。

なぜAI倫理なのか

しかし、先走らないでおこう。そもそも、なぜAI倫理の話をするのか？より正確に言えば、なぜビジネスの場でこの話をするのだろうか？　本書の想定読者である役員、経営幹部、プロダクトオーナーやマネージャー、エンジニア、データサイエンティスト、あるいはこれらの分野を目指す学生たちが、なぜAI倫理に関心を持たなければならないのだろうか？　確かに倫理は重要であり、それを称える歌を、皆と手を取り合って歌ってもいいくらいだ。しかしなぜ、AI倫理はこれほどまでに注目されているのだろうか？そしてなぜそれは、一人の人間としてだけでなく、雇用主や従業員としての立場から考えるに値するのだろうか？

「良いことをするためのAI」と「悪いことをしないAI」を区別することは有益だ。前者に賛同する人々は、私たちが人工知能（これについてはすぐ詳細を解説する）と呼ぶ新しいツールを使って、「ポジティブな社会的インパクト」を生み出したいと考えている。つまり発展途上国の人々の教育や、代替エネルギー源の特定、貧困からの脱却などを支援するAIを作ることだ。これらはすべて崇高な目標であり、それを追求する人々は称賛されてしかるべきである。

一方で「悪いことをしないAI」は、何らかの目標（それが倫理的に良いものか、中立なものかを問わず）を追求する際に、倫理的な失敗を回避することを目的としている。たとえば何万通もの履歴書を読むAIを作るとしたら、それは倫理的にはかなり中立的な目標であり、タスクを効率的に処理しても、倫理面で大きな称賛を受けることはないだろう。しかし仮に、そのAIが女性や有色人種を差別するような方法で処理を行うのであれば、それは悪いことだ。「悪いことをしないAI」を意識する人々は、どんな目的であれ、AIの開発や調達、そして導入において、悪いことが起きないようにしたいと考えているのである（もちろん倫理的に悪い目標を追求するというケースも考えられるが、その場合には目標を達成する手段にはあまり関心がないだろうから、「悪いことをしないAI」など眼中にないだろう）。

少し違う言い方をすれば、「悪いことをしないAI」はリスク軽減のためのものだ。倫理的なリスク軽減である。そしてAIには、軽減すべき倫理的なリスクが大量に存在している。

以下のように既に多くの企業が、このことを身をもって学んでいる。

- ウーバーの自動運転車は、ある女性の命を奪った(1)。
- オプタム・ヘルスケアは、重度の黒人患者よりも軽度の白人患者に注意を払うことを医師や看護師に推奨するAIを開発したとして、規制当局の捜査を受けた(2)。
- ゴールドマン・サックスは、アップルカードの与信枠について、男性より女性の方を低く設定するAIを開発したとして調査を受けた。最終的にゴールドマンに対する疑いは晴れたが、否定的な報道が相次ぐこととなった。
- アマゾンは履歴書を精査するAIを開発したが、それが女性を差別してしまうのを止めさせる方法が分からず、2年で廃棄した(3)。
- 顔認識技術を開発した企業は、全米各地の都市での使用禁止と、多くの否定的な報道という憂き目にあっている(4)。
- ノースポイントが開発したAIソフトウェアは、犯罪リスクの評価（裁判官の判決や保釈の判断に影響を与える）を行う際に、黒人を差別していた(5)。
- フェイスブック〔現メタ〕は……まぁ、いろいろしでかしている。

他にも無数の事例がある。ここから見えてくるのは、倫理的リスクはそれ自体が望ましくないもの（より具体的に言えば、悪い行いをするAIがもたらす悲惨な影響から不利益を被る人々にとって望ましくないもの）であるだけでなく、さらに大きな評判、規制、法的リスクももたらすということだ。特に憂慮すべきは、AIは大規模な形で機能するため、そのリスクは常に大きな範囲に及ぶという点である。そもそもAIが開発された理由のひとつが、まさにこの特徴にある。AIは、人間が何百時間もかかる作業をわずか数秒でこなすことができるのである。それは大量の計算を高速で実行できる。つまり倫理的なリスクが顕在化したとき、その影響は決して一人の人間にとどまらない。対象となった無数の人々――求人に応募した人、住宅ローンを申し込んだ人、自動運転車が進む方向にいる人、顔認識機能を搭載したカメラに撮影される人、求人広告を見た人と（差別されて）見せてもらえなかった人、病院でAIソフトウェアの診察を受けた人、AIがマーケティングの対象者として指定した人などなど――全員に影響するのである。このように、AIの潜在的な応用範囲が広大であること、AIの規模が急速に拡大すること、AIの開発と運用において倫理的に誤った方向に進む可能性が無数に存在していることを考えると、次のような疑問を抱かずにはいられない。

- 規制当局の調査に対応するために、どれだけの時間とどれだけのリソースが必要なのか？
- 規制や法律に違反したことで、過失も含めて有罪になった場合、罰金の支払いに何百万ドルかかるだろうか？
- 企業に対する信頼を回復するために、どのくらいのコストが必要になるのだろうか？

だからこそ、本書は幅広い層の人々に読んでもらいたい。取締役や経営陣であれば、広範な倫理的リスクが自社のブランドを毀損したり、規制当局の調査や訴訟を招いたりしないようにする責任があるはずだ。AI チームのプロダクトオーナーやマネージャー、あるいはエンジニアやデータサイエンティストであれば、プライバシーを侵害したり、女性や有色人種に対して意図しない差別をしたり、人々を操って無理な出費をさせたりするといった行為の責任を負いたくないだろう。AI を開発したり調達したりする組織の従業員であれば、たとえ自分が直接関わっていなくても、こうしたことを軽んじる組織で働きたくはないだろう。

行動規範や規制はないのか

この点について、既に適切な対策が取られているだろう、とあなたが考えていたとしても無理はない。企業の行動規範は適切な判断、誠実さ、高い倫理基準を求めている。差別を禁じる法律もあり、自動運転車に関して言えば、万が一にも歩行者をはねたり殺したりしてはいけないと法律で定められている。それとは別に、AI 倫理に対応する必要があるのだろうか？

もし必要ないなら、本書は大いなる紙の無駄遣いだ。しかし実際のところ、必要なのである。

企業の行動規範は、従業員の行動を管理し、どのような行動が認められるか・認められないかを知らしめるためものだ。ほとんどの場合、彼らはどうすれば悪いことをしないですむか分かっている。そうでない場合には、トレーニングを受けられる。しかし AI の場合、倫理的リスクは悪い行いの結果として具現化するのではない。それは結果について熟考しなかったこと、「野良 AI」を監視しなかったこと、AI を開発・調達する際に何に注目すべきかを理解していなかったことの結果として具現化するのだ。少し言い方を変えれば、AI の倫理的リスクは、差別やプライバシー侵害、過失致死など昔から存在するものであり、目新しくはないが、AI はそのリスクが具現化する新しい道を開くものなのである。つまりそのような道を塞ぐ新しい方策が必要となる。

法律や規制の場合も同様だ。法律を破る新たな抜け道があるのなら、悪意はなくとも法を犯してしまうというケースを防ぐために、新しい方策を生み出す必要がある。しかしそれは、「言うは易く行うは難し」だ。後の章で説明するように、AIの倫理的リスクを軽減する方法の中には、実際には現行法に抵触する可能性があるものや、法的には問題ないが倫理的に疑問が残る形で運用されるもの（そのため評判を落としかねないもの）がある。つまり企業は、倫理的にリスクが高いが法律に準拠しているAIや、倫理的に間違いがないが違法なAIを配備するか、あるいはAIをまったく導入しないかを決断しなければならないという、難しい状況に陥る可能性がある。

AIの特訓コース

いくつかの用語を整理しておこう。ポップカルチャーの世界では、AIは映画『ターミネーター』に登場するようなロボットを指すことが多い。それは意識を持ち、問題のある動機を抱いて、破壊的な行動を取る。工学やコンピューター科学の世界では、こうしたロボットは「汎用型人工知能（AGI：Artificial General Intelligence）」と呼ばれ、それは人類を破滅に導くと考える人もいる（イーロン・マスクやスティーヴン・ホーキングなど）。AGIが高度な適応性を持っているためだ。それは人間に教えられずとも、自分自身で目標を設定できる。その目標が「人類の絶滅」になるかもしれない。人間には真似できないほどのマルチタスクをこなせるようになるかもしれない。職場で人間に取って代わるようになるかもしれない。ロッキーより強く、シャーロック・ホームズより賢く、そしてポル・ポト以上の虐殺を行うようになるかもしれないのだ。

しかし現時点でAGIは存在していないし、今後実現されるかどうかについては、激しい議論が交わされている。いまのところ、私自身を含む多くの人が、AGI が誕生するとしてもまだまだ先のことだと考えている、と言っておけば十分だろう。

いま存在しているのは、「特化型人工知能（ANI：Artificial Narrow Intelligence）」と呼ばれるものだ。ANI が処理できるタスクの幅は、比較的狭い。たとえばある ANI は健康保険料を決定できるかもしれないが、それ以外のタスクをするには、別の ANI と組み合わされなければならない。ANI は柔軟性がなく、追及する目的は人間の開発者から与えられたものだけ。世界征服を望むこともなければ、平和を望むこともなく、その間にある状態を望むこともない。ある意味で、それは一種の「バカ」なのだ。携帯電話に搭載されている電卓は、人間が一生かかってもできないような数学的計算をコンマ数秒でこなすが、クッキーは１枚より２枚の方がいいことは知らない。２歳になる私の子供ですら知っているというのに。また２歳の子供は、サッカーボールと人間の禿げ頭を間違えることはないが、「ボール追跡」AI はそうではない(6)。

つまり私たちがいま手にしているのは、ANI なのである。より具体的に言えば、いま企業が開発し、世界中で急速に普及している AI は、そのほとんどが「機械学習（ML：Machine Learning)」と呼ばれるものである。ML がどのように機能するかについては、続く章で詳しく解説する。ここで必要なのは、倫理的リスクへとつながる新しい道がどのように生まれるのか、その基本を理解することだ。

最初に、私たちは単にソフトウェアについて話しているに過ぎないという点に注意してほしい。そしてソフトウェアについては、皆さんにとって馴染み深いものだろう。Microsoft Word、Gmail、GarageBand、Call of Duty、そして Pornhub など、これらはすべてソフトウェアだ。これらを使ってコンテンツをつくったり、見たり、あるいはその両方をしたりすることができる。

こうしたソフトウェアの根底にあるのは、コンピューターのコードだ。コードにはさまざまな種類があり、コンピューターエンジニアはそれを作成するためにさまざまな手法を駆使する。そのひとつが、アルゴリズム（あるいは「アルゴ」）を使うものだ。アルゴリズムとは、概念的には単純なものである。それは一種の数式で、何かを入力されると、その入力に対して計算を行い、出力を返す。たとえば「入力された数に2を足す」というアルゴリズムがあるとしよう。それに4を入力すると、6が出力される。素晴らしい。

アルゴリズムには、非常に複雑なものもある。たとえば保険会社は、保険料を決定するために複雑なアルゴリズムを使用している。年齢や性別、運転歴などいくつかの項目を自社のアルゴリズムに入力すると、そこから保険料が出力されるというわけだ。

1950年代、一部のコンピューター科学者たちが、非常に興味深いアルゴリズムを編み出した。それが「機械学習（ML）」アルゴリズムである。機械学習アルゴリズムは、標準的なアルゴリズムとは異なる動作をする。標準的なアルゴリズムの場合、特定の出力を得るために、どのように入力を処理するか正確に決めておく。保険料決定アルゴリズムを開発する人は、何が入力されるか、それぞれの入力をどのていど重視すべきかを決定する。たとえば年齢は性別の2倍、運転歴は郵便番号の3倍重要、といった具合である。しかし機械学習では異なる。驚くほどシンプルなのだが、機械学習では、「例に学ぶ」ということが行われるのだ。

たとえば、アップロードした写真が犬の写真かどうかを教えてくれる機械学習システムを開発するとしよう。まず必要なのが、MLアルゴリズムを訓練することだ。最初に犬の写真を1000枚撮って、それをMLアルゴリズムに与え、「これらはすべて犬の写真だ。それらに共通する要素、つまり『犬のパターン』を見つけ出せ」と命じる。するとMLアルゴリズムはすべての写真を精査して、それらに共通するパターンを見つける。それから1001枚目の犬の写真を与え、このAIに「この写真に犬のパターンがあれば（この写真と最初に与えた1000枚の写真が十分に似ているのであれば）、それが犬だと答えろ。そうでなければ、それは犬ではないと答えろ」と命じるのである。MLが上手く機能すれば、1001枚目の写真は犬である、と答えるだろう。上手く機能しなかった場合（MLが失敗する理由については後述する）は、犬ではないと答えるだろう。

もし犬の写真を「犬ではない」と答えたのなら、訂正してやればよい。「実はこれも犬なんだ」と教えるのである。するとMLは新しいパターンを探す。1001枚の写真に共通するパターンだ。この過程を繰り返すのである。MLは「例に学ぶ」ため、他の条件が同じであれば、例を与えれば与えるほど賢くなる。なぜグーグルは、ユーザーに自分が人間だと証明させるために、自動車の写っている写真をクリックするよう求めているのか？　それはユーザーが写真に「これは自動車である」というラベルを付けることで、グーグルはMLに例を与えることができるからで、おかげでMLはある写真に自動車が写っているかどうかをより正しく判断できるようになるというわけだ。ユーザーは何年も前から、グーグルにこの作業代を請求してもよかったのだ。

これは本当に驚くべきことだ。与えられた例から学習するプログラムがなかったら、何をしなければならないか考えてみてほしい。「2つの目と2つの耳を持ち、目の間隔が××センチで、それからこうで、ああで、これこれといった特徴を持っていた場合、それは犬であるというラベルを付けよ」という気が遠くなるほど長い指示を（プログラミング言語で）書かなければならなくなる。それを正しく行おうとすれば、途方もない時間がかかるだろうし、永遠に達成できないかもしれない。目が2つ、耳が2つある動物は他にもいるし（猫や狼、人間もその一種だ）、耳や目がない犬もいる、といった具合だ。それより「ほら、こんな風に見えるものには『犬』というラベルを付けて」と指示して、あとはAIに理解させる方がずっと簡単だ。しかもその方が、ずっと正確になるのである。

1950年代にMLのアルゴリズムが開発されたのに、なぜいまAIが流行しているのか不思議に思うかもしれない。その主な理由は、コンピューターの処理能力と、データの入手可能性に関係している。ここまでの解説でお分かりかもしれないが、MLは学習するためのデータが大量にあり、そのデータがデジタル化されている場合に上手く機能する。インターネットが生活のほぼすべての側面に入り込む、といったデジタル革命の到来により、膨大な量のデータが既にデジタル化され、MLアルゴリズムの学習に利用できるようになっている。とはいえ、たとえコンピューター科学者たちが1950年代にそのようなデータを手にしていたとしても、それを使って何かをすることは不可能だった。なぜなら、当時のコンピューターには大量のデータを処理する能力がなかったからである。要するに、「古いアルゴリズム」＋「とてつもない量のデジタル化されたデータ」＋「超強力な計算能力」＝「今日のAI（とML）革命」というわけだ。

3つの主要課題

AI倫理が議論される会議に参加すると、3つのトピックが繰り返し言及されているのを耳にするだろう。それはAIのプライバシー侵害、アルゴリズムのブラックボックス化（説明可能性）、そしてバイアス（偏見）である。これらはAI倫理において、群を抜いて話題になっている問題だ。それはこれらの問題が、AIソフトウェア・アプリケーションと深く関係しているためである。その関係を説明する上で欠かせないのは、MLというユニークな手法が、どのようにこうした倫理的リスクを生んでいるのかという点である。それぞれの内容について、順に見ていこう。

プライバシー

いまあなたがAIを開発していて、それを非常に精度の高いものにしようとしているとしよう。その場合、AIを学習させるために、できる限り多くのデータを集めたいと思うはずだ。そのデータは自分自身や、友人、家族、その他あらゆる人々に関するものになる。つまりMLの燃料はデータであり、それは人間に関するデータであることが多い。したがってあなた（と言うより、開発者が働く企業）には、できるだけ多くの人々からできるだけ大量のデータを集めようとする強い動機がある。そのデータは、通常のデータ分析（たとえば顧客の平均的なプロファイルなど、何らかの知見を得るためにデータを分析すること）だけでなく、AIの学習にも役立てられる。繰り返すが、AI登場以前にプライバシー侵害がなかったというわけではない。AIソリューションの開発を推し進めることが、より多くの人々からより多くのデータを取得し、それによってプライバシーの侵害を助長する行為にならざるを得ないのである。さらに複数の情報源からデータを収集することで、AIは人々が企業に知られたくないと考えている事柄について推察することが可能になるのである。

説明可能性

MLは膨大な量のデータを与えられると、そのデータにあるパターンを「認識」し、そのパターンを新たな入力と比較して、それに関する「予測」を行う。たとえば住宅ローンが返済されない確率、2年以内に犯罪を行う確率、この広告がクリックされる確率、といった具合だ。問題は、そのパターンが非常に複雑であったり、私たちが普段注目しているものとは異なる変数を含んでいたりするため、AIがなぜそのような出力をしたのか説明できないことがよく起きるという点である。たとえば犬を認識するソフトウェアは、写真をピクセル単位で解析している。もちろん人間はピクセル単位で写真を見ないし、仮に見たとしてもピクセルの数が多すぎて、その中にどのようなパターンがあるか判断することはできない。同様に、AIを利用している企業は、なぜそのAIが住宅ローン申請を却下したのか、与信枠を特定の額にしたのか、ある人に求人広告や面接依頼を出したのか、分からないままになるかもしれない。「ブラックボックス・アルゴリズム」という言葉を耳にしたことがあるかもしれないが、それはこのような問題を指している。

バイアス（偏見）

AI倫理について聞いたことがあるなら、偏見のあるアルゴリズムや差別的なアルゴリズムについても耳にしたことがあるはずだ。よくあるのが、AIがある共通項で分類されたさまざまな集団に対して、倫理的に（場合によっては法的にも）許容できない格差をもたらすアウトプットを行うという問題であり、これはエンジニアが差別しようという意図を持っていなくても起こり得る。実のところ、差別を避けようという意図を持っていても起こり得るのだ。AIのバイアスについては第2章で詳しく解説するが、ここでは問題提起のために一例を挙げておきたい。

いまあなたの元に、毎日何万通もの履歴書が送られてきているとしよう。そのすべてを人間が精査するという手間をかけるよりも、AIに確認させ、面接すべき候補者の履歴書を「青信号」、そうでない履歴書を「赤信号」に分類させるようにしたい。この場合、最初に必要なのはAIの学習だが、幸運なことにあなたの手元にはたまたま大量のデータがある。それはおよそ過去10年分の採用に関する内部データであり、そこにはデジタル化された履歴書も含まれていて、しかも面接に進んだ・進まなかったという分類までされている。そこであなたはAIに履歴書のデータをすべて与え、それに人間が確認した場合にどの履歴書が面接へと進んだのか、進まなかったのかという情報を紐づけて（これを「ラベル付きデータ」と呼ぶ)、AIに対して「面接に値する」履歴書のパターンを探すように指示する。

これと同じことをアマゾンが行ったとき、彼らが開発したAIは、望ましくないパターンを学習してしまった。それは簡単に言えば、「うちでは女性は採用しない」というものだ。その結果、AIは読み込んだ履歴書が女性の応募者からのものであることに気づくと（たとえば「NCAA女子バスケットボール」などといった言葉から)、それを赤信号に分類するようになってしまった。

なぜアマゾンの過去の採用データに、女性を採用しない傾向が見られたのか、さまざまな可能性が考えられる。採用担当者が差別的だったのかもしれない。または、「テクノロジー業界における女性の人材育成」という世間一般の課題が、アマゾンにも見られたのかもしれない。そこにはテクノロジー業界や理系分野における女性差別的な文化が反映されていたのかもしれないし、されていなかったのかもしれない。女性よりも男性の方が、履歴書で話を盛る傾向があるからかもしれない。こうした要因のすべて、あるいはその一部が組み合わされた結果かもしれない。ここでその結論を出す必要はない。この事例から私たちが理解すべきなのは、女性が採用されていないというパターンが存在しており、AIはその学習を担当するエンジニアの意図とは関係なくパターンを認識し、その結果、AIは差別的な判断を行うようになったということだ（またこの例は、なぜ良い振る舞いを求める行動規範では成功する見込みがないのかも示している）。

アマゾンのエンジニアは、AIが女性を差別しなくなるよう修正しようとした。その詳細については後述するが、その試みは失敗する。アマゾンとエンジニアの名誉のために言うと、彼らは何十万ドル分もの労力（いうまでもなく、アルゴリズムの学習と再学習にも巨額の処理コストがかかっている）を費やしたプロジェクトを放棄した。

これこそ、AIの倫理的リスクを真剣に受け止めるべきもうひとつの理由だ。そのリスクへの向き合い方を知らなければ、最終的に使用するにも販売するにも危険すぎるソフトウェアを開発してしまい、多くの時間とお金を浪費することになる。

包括性と、「ストラクチャー」「コンテンツ」の区別

プライバシー、説明可能性、バイアスはAI倫理における3つの主要課題

だ。しかしAIの倫理的リスクのすべてが、この3つのカテゴリーにきれいに収まるわけではない。こうしたカテゴリーがAI倫理の議論において一般に強調されるのは、MLの機能的な仕組みと特に関連性が高いためだ。実際には、AIの倫理的リスクのうち最大のもののいくつかは、この技術が使われる特定の用途からもたらされる。

監視（たとえば顔認識技術によるもの）が問題なのは、それが信頼を破壊し、不安を引き起こし、人々の行動を変化させ、最終的には自主性を失わせるからだ。人々が敬意をもって扱われているか、製品の設計に人を操作するような要素が含まれているのか、あるいは単に合理的なインセンティブを与えているだけなのか、はたまた、ある決定が残酷であったり、（文化的に）無神経なものになり得るか、ある決定が人々に過大な負荷を強いるものになるのか……これらはすべて、AIのユースケースいかんによって発生する倫理的な問題であり、他にもまだたくさんある。

私の考えでは、AI倫理に関するコミュニティの関心がこの3つの主要課題にほぼすべて集まっている（顔認識ソフトウェアのような特定のユースケースに関する懸念を除いて）ことは、それ自体が危険を生み出している。それは倫理的リスクを特定する際に偏ったアプローチを助長することになり、結果として、そうしたリスクの特定に失敗することにつながる。ところが企業は、自分たちは既に「AI倫理を実践している」と考えるようになる。AIにバイアスがないかどうか入念に調べ、また説明可能なモデルを作ろうとしているからだ。彼らがこうしたことを誤解しがちだという事実はとりあえず脇に置くとして（この点については後述する）、彼らはただただ、リスクの全体像を見ていないのである。私たちには*包括的*なアプローチが必要なのだ。

AI倫理を理解する上で、特にAI倫理の実践という文脈では、「ストラクチャー（構造）」と「コンテンツ（内容）」の違いが極めて重要になる。

組織がAIの倫理的リスクを検証するためには、ガバナンスの「ストラクチャー」が必要だ。そこにはポリシー、プロセス、役割ごとの責任などが含まれる。別の言い方をすれば、AI倫理リスクプログラム（実行的なフレームワーク）を持つ組織は、AIの開発・調達・導入において現れる可能性のある倫理リスクを特定し、軽減するための一連のメカニズムを持っているということだ。そのメカニズムとは「あなたの組織はどのようにAIの倫理的リスクを特定し、軽減しているか？」という問いに答える際に参照できる諸要素を含んでいる。

一方で、企業が回避したい倫理的リスクとは、そのプログラムの「コンテンツ」である。AI倫理のコミュニティが取り組んでいるプログラムの主要なコンテンツとして、人々のプライバシーを尊重すること、すべてのMLの出力を説明可能にすること、MLが公正または公平な（すなわちバイアスのない）出力をすることが挙げられる。

「ストラクチャー」と「コンテンツ」の違いは、極端な例を考えてみれば明確になる。他社がうらやむほど素晴らしい「AI倫理ストラクチャー」を持つ組織を想像してほしい。データ収集者、エンジニア、データサイエンティスト、プロダクトマネージャーなどの役割分担は明確で、彼らが上層部に問題を上申する際も、確実な手段が用意されている。また倫理委員会があり、その任務は真摯に遂行されている。これは極めて驚異的なことだ。

このストラクチャーを、KKK（クー・クラックス・クラン）のような組織に持ち込んでみよう。するとこのストラクチャーによって、「データセットが白人、特に白人男性に有利なように偏る」、「黒人に実刑判決を下す決定が不明瞭な形で行われる」、「LGBTQコミュニティのメンバーを監視する優れた製品が作られる」といったことが卒なく行われてしまう。

この例は「ストラクチャー」と「コンテンツ」の違いを浮き彫りにしている。「ストラクチャー」とは、倫理的リスクを特定し、軽減する方法に関するものだ。そして「コンテンツ」は、何を倫理的リスクとするか、その定義に関係している。効果的なAI倫理リスクプログラムには、その両方が含まれているのである。

私たちがこの区別をするようになったのは、AI倫理の3つの主要課題について話していた際に、これらの3つ以外にも多くの倫理的リスクがあることに気づいたからである。前述のように、この3つの主要課題を過度に強調してしまうと、倫理的リスクを特定し軽減するアプローチが偏ったものになってしまう。必要なのは包括性だ。具体的には、回避しようとするすべての倫理的リスク（コンテンツ）を深く理解し、それらを残らず検討できるAI倫理リスクプログラム（ストラクチャー）が必要なのである。3つの主要課題へ関心を寄せるあまり、何を探すのか、どのように探すのかという点が見えなくなることがあってはならない。

大部分の企業は、これとは正反対のアプローチでAI倫理に取り組んでいる（そもそも行っていればの話だが）。彼らは、特にバイアスに注目し、それを技術的なツールを駆使して特定し、さまざまなバイアス緩和手法を使えるようにしている。これについては後の章で詳しく説明するが、このアプローチがいかに限定的なものであるかは、既にお分かりいただけているだろう。

これから何が起きるのか

AI倫理に関するほぼすべての議論は、AIがバイアスを持ち、決定理由の説明がつかず、プライバシーを侵害することを非難するところから始まり、そうしたAIを開発する企業に対しては怒りが表明される。怒りを覚える人々は、「コンテンツ」を問題にしているのだ。ところが話の軸足はすぐに、倫理的リスクを軽減するために開発者が使用できる手法やツールへと移る。それには、「私たちは倫理的リスクの軽減に取り組むことができるほど、コンテンツの問題を十分に理解している」という暗黙の前提がある。そしてこの前提は誤りである。

AI倫理の議論に多くの時間を費やしている人や、この分野で仕事をしている人々でさえ、すべきことを理解するのは非常に難しい。それは彼らが、まだぐにゃぐにゃで、曖昧で、主観的だと捉えているものを中心にストラクチャーを構築しようとしているからだ。AI倫理のリスク軽減に取り組んでいる彼らは、AIやリスク軽減については詳しいかもしれないが、倫理についてはあまり知らないのだ。

本書を通じて私が主張するのは、倫理を理解していなければ、つまり「コンテンツ」に関する側面を理解していなければ、堅牢で包括的な「ストラクチャー」はつくれないということである。私はそこからさらに踏み込んで、「コンテンツ」を理解することで、AI倫理リスクプログラムの「ストラクチャー」が見えてくると主張する。

この点については、これから何度も繰り返し説明する。何がリスクで、それがどこから発生するのかを把握できれば、対処法を考えるのはそれほど大変なことではない。皆が切羽詰まって、「どうやってAI倫理を運用できるようにするんだ？　どうすればいいんだ?!」と叫びながら走り回っている。それに対する私の答えはこうだ。「落ち着きなさい。あなたは（AI）倫理を十分に理解していないから動転しているだけだ。理解できれば、それほど難しいことではないとわかるはずだ」。（大雑把に言えば）問題とその出所についてよく知れば、何をすべきかという知識を導き出すことができる。「コンテンツ」を理解すれば、「ストラクチャー」に関することはかなり明白になる。

いま、人々が「ストラクチャー」を見ることができないのは、それがこんがらがった概念や疑問、そして古き良き（過失のない）無知という霧に覆われてしまっているからである。土台や建設する場所を理解していない状態では、建てるべき物はなかなか見えてこない。私はこうした霧を晴らし、AI倫理の全貌を明らかにする手助けをしたいと思っている。そのためには、主に物事の「コンテンツ」の側面を理解してもらうつもりだ。そうすることで、地形が見えるようになり、その中を進むことが可能になるのだ。

まず第1章で、「ぐにゃぐにゃ」している倫理を具体的なものにするところから始める。いろいろなことが曖昧なせいで、いかに人々が倫理を主観的なものと考えてしまうのかを説明しよう。これが問題なのは、真実が重要であるからというだけでなく、倫理を客観的で堅固なものとして捉えることが、AI倫理リスクプログラムを構築する上で極めて有用だからである。

第2章から第4章にかけては、AI倫理に関する3つの主要課題を、それぞれ1つの章を使って解説する。これから見ていくように、これらの課題はニュースやソーシャルメディアで語られる怖い話以上のものであり、それがどのように発生し、なぜ重要なのかを深く理解することは、それを軽減する方法を知る上で大きな助けとなるだろう。

第5章では、AI倫理声明を作成する方法について説明する。AI倫理声明は、自身の組織から見て倫理に反する行動とは何かを考えることによって価値を明確にし、(PRという程度ではなく）実際に行動を導くものである。

第6章では、効果的で包括的、拡張可能なAI倫理リスクプログラムの「ストラクチャー」を明確に説明する。この章は、「コンテンツ」について解説した第1章から第5章までの結論であるとも言える。

最後に第7章では、「ストラクチャー」内の特定箇所に焦点を当てる。それは製品チームだ。彼らが上手く仕事をこなすために、「コンテンツ」についてどのように考えるべきかを説明する。

正直なところ、理解すべきことは山のようにある。少しでも把握しやすくなるように、重要な点をリストアップしてある。その背後にある根拠を理解すれば、AI倫理の全体像が容易に見えてくるだろう。

霧を晴らすための最初のステップは、「倫理は主観的なものであるという定説を覆す」だ。さっそく取り掛かってみよう。

まとめ

- AI倫理は2つの領域に分けられる。「良いことをするためのAI」と「悪いことをしないAI」だ。前者はポジティブな社会的影響をもたらそうとするものであり、後者は倫理的なリスク軽減を目指すものである。

- 倫理的リスクが問題なのは、間違ったことをするのは悪いから、というだけではない。企業がAIを利用することでもたらされる倫理的リスクは、評判や規制、法律に関するリスクでもあり、それによって罰金や弁護士費用などの何億ドルもの金銭的コストが発生し得るだけでなく、膨大な時間が失われるとともに、顧客や消費者からの信頼など一度失うと取り戻すことが難しいものを失ってしまいかねない。
- AIの倫理的リスクの軽減策には、行動規範はあまり適していない。ここでは、従業員の悪い行動を問題にしているのではない。
- 現行の規制や法律では、企業ブランドにダメージを与える倫理的リスクのすべてに対応しておらず、今後も対応することはないだろう。
- ビジネスにおけるAIの倫理的リスクは、現在そして当面の間、特化型人工知能（ANI）、より具体的には機械学習（ML）を開発した結果として生じるものと言える。
- AI倫理の3つの主要課題は、プライバシー、説明可能性、バイアス（偏見）である。しかしこれらだけがAIの倫理的リスクではない。多くの倫理的リスクが、無数に存在するAIのユースケース（顔認識や自動運転など）から発生している。
- AI倫理リスクプログラムの「ストラクチャー」と「コンテンツ」を区別する必要がある。「ストラクチャー」とは、倫理的リスクを特定し、軽減するための仕組みのことだ。「コンテンツ」は、組織が倫理的なリスクがあると見なすもの、別の言い方をすれば、組織が倫理的に良い・悪いと見なすものだ。「コンテンツ」をしっかりと把握することで、優れた「ストラクチャー」がどのようなものであるのかを容易に理解できるようになる。

第１章
倫理をどう考えるか

本書の目的は、AIを開発・調達・導入する際に、それを倫理的に（したがって評判や規制、法律に関するリスクの面から見ても）安全な形で行い、かつそれを一定の規模で進めるためにはどうするべきか、アドバイスをすることだ。実存的・形而上学的な問い、たとえば「人間とは何かを考える上で、AIはどのような影響を及ぼすか」や「AIは意識の本質について何を教えてくれるのか」といった問題は扱わない。とはいえ、概念面での土台をしっかりさせておかないと、進むべき道を明らかにすることはできない。本章ではそうした土台について解説する。

AI倫理を「ぐにゃぐにゃ」と表現した経営幹部は、別に不勉強だったというわけではない。彼はリスクとコンプライアンスの分野で長年キャリアを積み、成功してきた人物だった。同じように、AI倫理を「曖昧」や「主観的」と表現した人々も、賢く優秀な人物だった。

私は哲学の元教授として、20年近くこうした声を耳にしてきた。いま私は、クライアントと会話する際や、人々がさまざまな文脈でAI倫理について語る際に、こうした意見を再び聞くようになっている。そしてそれを耳にしたらすぐ、そのような考え方は前進する妨げになると指摘している。

人が倫理を「ぐにゃぐにゃだ」と言うとき、あるいは「主観的だ」と言うとき（今後はこちらの表現を使っていく）、彼らは事実上、「どう考えたらいいのかよく分からない」と言っているのであり、たいていの場合、そこで考えるのをあきらめてしまう。

特に、組織に変化をもたらそうとするシニアリーダーたちは、この点で苦労している。そうしたリーダーたちが作成しようとしている包括的なAI倫理リスクプログラムには、組織内のあらゆる階層の人々から賛同を得る必要がある。彼らがよく経験するのは、次のような状況だ――エンジニアのところに行って、AI倫理が極めて重要であることを伝えると、決まって「けど倫理って主観的なものじゃないですか？」と反論されるのである。

これは災いのもとだ。エンジニアは、具体的で定量化でき、実証可能なものを好む傾向がある。そうでないものは、彼らの関心や注意を引くに値しない。シニアリーダーがAI倫理について話してるって？　そんなのただのPRだよ。ポリティカル・コレクトネス（政治的な正しさ）は技術の進歩を妨げるだけ。真剣に取り組んでいる人々にはふさわしくない感傷的なテーマだし、ビジネスで話題にするなんてもってのほか、というわけである。

こうした抗議にどう対処すればいいか分からないリーダーは、困った立場に置かれることになる。そこで「まぁ、確かに主観的だけれど……」と言ってしまったらもう負けだ。したがってシニアリーダーは、AI倫理の推進（失礼、「定着」だった）に必要な組織の賛同を得るために、この状態を正さなければならない。

しかしこれは、ほんの始まりに過ぎない。人々が倫理的な思考を行う必要があるときに（あなたが導入するAI倫理リスクプログラムのために、製品開発時の倫理リスク・デューデリジェンスや、倫理委員会〔後述〕の審議などを実施する必要があるとき）、肩をすくめて終わらせることなく、倫理について考えさせることも必要となる。

つまり「AI倫理は主観的なものではない」と考えるようにさせることは、組織の賛同を得るためにも、製品の開発・調達・導入の際に効果的な倫理リスク分析を行うためにも不可欠なのである。もっともな理由から、皆さんと皆さんのチームは、倫理が主観的なものであるという考えを捨て、実は倫理が実りのある議論や、ひいてはリスクの特定と軽減をするのにうってつけのものだと考えたほうがいい。少し違う言い方をすれば、もし「責任あるAI」に関心を持っているのなら、AIの倫理的リスクについて責任ある調査を行う上で、倫理は非常に有用なものだと考えるといいだろう。まだピンとこないという方のために、もうひとつ別の言い方をしよう。AI倫理とは2つの事柄、すなわち「AI」と「倫理」に関するものである。前章では、AIやMLとは何か、それがどのように機能するのかを解説した。今度は倫理について説明する番だ。

しかし、心配ご無用。私はここで、哲学的な話をするつもりはない。結局、倫理についてしっかり考えるのに必要なのは、疑問と混乱、そして倫理を主観的だと考える、ありがちな3つの理由を明確にすることだ。それができれば、倫理を実践に移せるようになる。

疑問

私がよく受ける質問のひとつに、「倫理とは何か」というものがある。そう問いかける人は、倫理の「定義」を求めているのがお決まりだ。さらには、「『倫理』をどう定義するのか」や「あなたの『倫理』の定義は何ですか」といった質問もある。

しかし私の考えでは、倫理とは何に関するものなのか（これこそ、質問者が本当に聞きたいことだ）を理解するためには、次のような、倫理的な問題と捉えられがちな核心的な問いについて考える必要がある。

- 良い人生とは何か？
- 私たちはお互いに対して、義務を負っているのだろうか？　もしそうなら、それは何か？

- 思いやりは美徳だろうか？　勇気は？　寛大さは？
- 中絶は倫理的に許されるだろうか？　死刑は？　安楽死は？
- プライバシーとは何か？　人々はその権利を持っているか？
- 差別とは何か？　それはなぜ悪いのか？
- 人々はみな道徳的に同じ価値を持つのか？
- 人には自己研鑽する義務があるか？
- 嘘をつくことが倫理的に許される場合はあるか？
- 企業は従業員に義務を負っているか？　社会全体に対してはどうか？
- フェイスブックはユーザーに広告をクリックするよう不当に仕向けたり、彼らを操ったりしているだろうか？
- ブラックボックスのアルゴリズムを使って病気を診断することは倫理的に許されるか？

他にもいろいろ考えられる。倫理とは何か？　まぁ、この言葉の定義について心配する必要はない。もし本当に定義が知りたいのなら、辞書で調べればいいのだ。倫理が何に関するものかを知りたければ、こういった疑問と、その周辺にある疑問について考えてみればいい。それを理解すれば、定義にこだわる必要はないのである。

混乱

倫理を主観的なものと考える多くの人々が混乱する大きな原因は、倫理に関する人々の信念（倫理的に正しい／間違っている、倫理的に良い／悪いと彼らが考えていること）と倫理そのものを区別していないことだ。そして人々はこの2つを一緒にしてしまうことで、本当は信念の相違について話をしているのに、倫理の主観性について見当違いの主張をしてしまうのである。

これを理解するために、問題から少し離れて考えてみよう。

地球の形に関する信念について言えば、それが平らだという考えもあれば、丸いという考えもある。一方で、実際の形状はひとつしかない。水の化学組成がH_2Oであるという信念もあれば、H_3Oであるという信念もあるが、実際の化学組成はひとつしかない。2020年の米大統領選で不正が行われたのか、それとも正当な結果が得られたのかについてさまざまな信念がある一方で、この選挙の正当性は確立されている。

私たちは一般的に、「Xについての信念」と、「実際のX」を区別する。そしてその信念が正しい場合もあれば、間違っている場合もある。もし私たちがXについての信念と、実際のXを区別しなかったら、「Xはこうである」と信じることで現実にそうなると考えることになってしまう。しかし地球が平面または球形、水がH_3OまたはH_2O、選挙が不当なものか、または正当なものかを信じることによって、地球が球形に、水の化学組成がH_2Oに、あるいは選挙が正当なものになるとは誰も考えない。

もちろん、これらに関する人々の信念は、時間とともに変化したり進歩したりすることがある。地球が平面だと多くの人々が信じていた時代もあれば、水の化学組成はH_2Oではないと信じる人もいるし（化学について何も知らないから、というのが彼らの言い分だ）、大統領選で不正があったと信じていたものの、後になってやはり正当な選挙だったと考えるようになった人もいる。つまりこうした私たちの信念は変化するものだが、その信念の対象となるものは、ずっとそのままだったというわけだ。地球が平面から球形に変わったわけではない。

では、次のような区別はどうだろう。奴隷制度は倫理的に許される、あるいは許されないという信念がある一方で、奴隷制度が倫理的に許されるかどうかという問題がある。倫理的に許されないものがあるとすれば、それは奴隷制度だ。

ある時点まで、ほとんどの人々（特に奴隷制度から利益を得ていた人々）

は、奴隷制度は倫理的に許されると信じていた。しかし人々の信念は時代とともに変化し、今ではすべての人々が奴隷制度は間違っていると信じている。一方、奴隷制度の不当性は変化していない――それは常に間違っていたのである（注：奴隷制度が倫理的に許されると考えていた人々が、彼らの周囲にいた人々もそれが許容範囲だと見なしていたとはいえ、どれだけ非難されるべきかという別の問題があるが、ここでは議論しない）。

ある意味で、こうしたことは極めて明白だ。人々がXについて信じていることと、Xが実際にどのようなものであるかの間に違いがあって当然だ。しかし人々が倫理について語るとき、奇妙な現象が起きる傾向がある――こうした違いが消えてなくなってしまうのだ。「あなたの倫理と私の倫理は違う」とか、「倫理や道徳は文化や個人によって異なるから、倫理は主観的なものだ」とか、「倫理は時代とともに進化していて、かつて人々は奴隷制度が倫理的に許されると考えていたが、今は許されないと考えるようになった」などという発言をするのである。

しかしいま私たちは、「あなたの倫理と私の倫理は違う」という発言は、「あなたにとって倫理的に正しいことは私にとって倫理的に間違っていることだ」、あるいは「あなたが倫理的に正しいと信じていることは私が倫理的に間違っていると信じていることだ」のどちらかの意味であると理解できる。そして私たちは既に、明確な倫理的信念が時間とともに変化したり、進歩したりするが、だからといって、正しいこと、または間違っていることが時間とともに変化するわけではないことを見てきた。奇妙なのは、人々がこのような発言をするとき、彼らは倫理的信念を倫理的な善悪と同じものとして考えていることが多いという点だ。そしてそれは、単なる混乱に過ぎない。

倫理が主観的かどうかという問いは、はっきり言って、人々の倫理的信念が時間の経過とともに変化するか、あるいは個人や文化によって異なるかという問いと同じではない。これらの答えは、もちろん「イエス」だ。倫理が主観的かどうかという問いは、正しいこと、間違っていること、あるいは良いこと、悪いことが、時間、個人、文化によって異なるかどうかということである。このことを理解した上で、倫理が主観的であると勘違いされる理由として一般的なものを見てみよう。

「倫理は主観的である」と考えることが全く間違っている3つの理由

「倫理が主観的である」と言うことは、「何が倫理的に正しいか間違っているか、良いか悪いか、許されるか許されないか、といったことに事実は存在しない」と言うことに等しい。倫理が主観的なものであるとしたら、倫理的信念が個人や文化によって異なるだけでなく、倫理そのものが個人や文化によって異なることになる。倫理が主観的なものであるとしたら、責任ある倫理的探究というものは存在しない。なぜなら、誰もその結論に間違いを犯すことがないからである（そして責任あるAI倫理、すなわち「責任あるAI」についても同様だ）。倫理が主観的なものであるとしたら、それは感傷的なもので、「ぐにゃぐにゃ」であり、曖昧で、真面目な人々のテーマではなく、ましてやビジネスに真面目に取り組む人々向けのテーマにはなり得ない。

これで倫理が扱うことについては整理できた。そして「何が正しいか・間違っているか」という倫理的信念と、実際に正しいことまたは実際に間違っていることとの区別についても理解できた。しかしこれらのことを知っている人でさえ、倫理は主観的なものだと考えてしまうことがある。そして私は、哲学を教えていた20年近くの間で、「倫理は主観的である」と考える主な理由が3つあり、それぞれ全く見当違いであることに気づいた。それらの理由を整理した上で、何が問題なのかを説明しよう。はっきりさせておきたいのは、これらの理由が間違っていると考えているのは、私だけではないということである。哲学者が何かについて合意に至ることは少ないが、仮に倫理が主観的であったとしても、その理由は次に挙げるもののいずれでもないという点ではコンセンサスが得られている。

全く間違っている理由１　倫理は主観的なものである。なぜなら、人々は何が正しくて何が間違っているのかについて意見を異にするからだ。人々は倫理的な論争をする——中絶や死刑が道徳的に許されるかどうか、友人を守るために警察に嘘をつくべきかどうか、サービスを無料で提供するのと引き換えに、ユーザーのデータを彼らが知らないうちに収集することが倫理的に許されるかどうかなどについて、意見が分かれている。そして、これほど多く意見の相違がある以上、つまりこれほど多くの異なる道徳的・倫理的信念がある以上、倫理は主観的なものであり、これらの問題に真実などない。

全く間違っている理由２　科学は私たちに真実を教えてくれる。倫理は科学ではないので、真実を教えてくれるものではない。科学、より具体的に言えば科学的手法は、私たちが世界についての真実を発見する唯一の方法である。実証的観察（「見ることは信じること」）と調査（科学的実験など）により、世界に関する真実がもたらされる。それ以外はすべて解釈、つまり主観である。倫理は主観的だ、なぜなら実証的観察だけが真実を握っているからである。倫理や倫理的探究は実証的探究ではないので、真実ではない領域に関するものだ。要するに、科学的に検証可能な主張のみが真である。

全く間違っている理由３　倫理は、何が正しくて何が悪いかを告げる権威者を必要とする。そうでなければ、それは主観的なものだ。あなたにはあなたの、私には私の、あの人にはあの人の信念がある。そして、ある考え方が正しくて別の考え方が間違っているという科学的な証拠がありそうもないのだから、何が正しくて何が間違っているかなんて誰が決められるのだろうか？すべては主観だ。要するに、倫理的な真実があるとすれば、何が正しくて何が間違っているかを決める権威者がいるはずだ、というわけである。

全く間違っている理由の何が間違っているのか

全く間違っている理由１はなぜ全く間違っているのか

倫理が主観的であるという理由１は、「何が正しいか・間違っているかについて、人々の意見は分かれるものであり、もしある問題について人々の意見が分かれるのなら、その問題には真実がないことになるから」というものだ。これは正論だろうか？　いや、全く間違っている！　なぜ間違っているかは、次のような仮定が成り立つかを考えてみればわかるだろう。

もし人々がXについて意見を異にするならば、Xに関する事柄には真実がない。

この仮定は明らかに間違っている。人々は、真実が存在するあらゆる種類の事柄について意見を異にしている。人類が進化の産物かどうか、10年以内に自動運転車が人間の運転する車に取って代わるかどうか、ブラックホールの中心に何かがあるかどうか、さらには地球が平面か球形かについてさえ、人々は意見を異にしているのだ。しかし「地球の形について真実は存在しないのではないか」などと考える人はいない。

Xについて人々が意見を異にするということは、Xについての事柄に真実がないことを示すものではないのである。

倫理についても同様だ。警察から友人を守るために嘘をつくべきか、人々は自分に関するデータの所有権を持つべきか、フェイスブックは倫理的に受け入れがたい誘導行為をユーザーに対して行っているか、などについて人々の意見が異なるという事実は、こうした問題について真実がないことを示すものではない。

「けど倫理は別だよ。それはこの原則の例外だ」と反論する人もいる。

しかしなぜ、倫理は別だと思わなければならないのだろうか？　なぜ、意見の相違と真実について先ほど学んだことに該当しないと思わなければならないのだろうか？

それに対する答えは、99パーセント次のようなものだ。「他の相違の場合は、科学的に解決することができるからだ。倫理では、科学的に解決する方法はない」。

これは良い答えと言えないこともない。しかしそれは、実際には「全く間違っている理由1」を放棄するものであり、同時に理由2へと後退するものでもある。この答えは、「科学的に検証可能な主張だけが真実である」と言っているに過ぎない。では、この点を考えてみよう。

全く間違っている理由2はなぜ全く間違っているのか

この理由には、驚くほど簡単に反論できる。この理由が言わんとしているのは、「科学的に検証可能な主張のみが真実である」ということだ。これを実際に宣言してみよう。

科学的に検証可能な主張のみが真実である。

鋭い方は、こんな疑問が頭に浮かんだかもしれない。「これが主張だとして、科学的に検証可能な主張のみが真実であるとするなら、この主張自体はどうなるのか？」

この問いかけは、この主張の問題点を明らかにする。それは自らを否定するものだ。結局のところ、この主張をどうやって科学的に検証するのだろうか？　化学者か生物学者、物理学者、あるいは地質学者をつかまえて、「この主張を検証するための実験をしてください」と言ったら、彼らに何ができるだろうか？　紙に書いて、その紙がどれだけ重くなったかを計る？　地震計に貼ってみる？　細胞を置いてみる？　彼らにできることは何もない。それはこの主張自体が、科学的に検証可能ではないからだ。したがってこの主張を信じる人は、一貫性を保つために、それを信じることをやめなければならない。最初から信じていない人は大丈夫だ。いずれにしても、この主張を信じるべきではない。それは間違っているのだ。

全く間違っている理由3はなぜ全く間違っているのか

さて、あともう少しだ。「倫理が主観的でないためには倫理的事実がなければならない」と思うかもしれない。そして倫理的事実が存在するためには、何が正しくて何が間違っているのかを決める権威者が必要だと思うかもしれない。

しかしこれは、私たちがとる、事実についてのいくつかの基本的な考え方を無視している。地球の形や人類の進化の歴史、水の化学組成について事実があるとするならば、それらを事実だと決める権威者がいなければならない――などとは誰も言わない。一方で、これらについての事実はちゃんと存在している。地球は球形であり、人類は生物学的進化の産物であり、水の化学組成はH_2Oであるという主張の証拠を示す人々（もちろん科学者だ）がいる。もっとも重要なのはこの証拠、つまりこうした結論に対して彼らがわれわれに提供する論拠であり、地球が球形であることや、水の化学組成がH_2Oであることの証拠を発見した人々ではない。

もし道徳的事実、あるいは倫理的事実があるとすれば、それが他の事実と同じように機能すると考えるべきだ。それを真実だと決める権威者は必要ない。その代わりに、倫理的な主張に対して証拠や論拠を示す人たち（たとえば哲学者や神学者）がいるのである。中絶の道徳的許容性についての議論における多くの議論、反論、そして反論に対する反論を考えてみてほしい。「私はそれが間違っていると思う、だからそれは間違っている」とは誰も言っていない。そんなことを言っても誰も相手にしないだろう。私たちは科学的な議論をする際と同じように、彼らの主張に注意を払い、それが正しいかどうかを調べるのである。

なぜこれが問題なのか

こうした混乱や、間違った議論をなくしていくことが重要だ。倫理学では、人工知能の分野も含めて、私たちは非常に現実的な倫理的問題に直面している。そうした問題は、倫理的にも技術的にも適切に解決されないと、悲惨な結果を招きかねない。しかし、もし私たちが倫理を客観的なものと見なさなくなってしまったら、つまり倫理について論理的に考え、議論し、倫理についての考えを合理的に変えられるとは見なさなくなってしまったら、そうした現実的な問題を解決するために自由に使えるツールである倫理的探究を手放すことになるだろう。

もう少し具体的に説明しよう。私はこれまで、倫理的に重要な問題についての議論を何千回とまではいかなくとも、何百回と見てきた。人々が安心して自分の意見を言える環境である場合、そうした議論はすべて同じように進む。ある人はひとつの意見を主張し、別の人は別の意見を主張し、その一方で自分の立ち位置がよく分からないという人もいる。これは難しいテーマなのだ。そして誰かが「そんなこと、どうでもいいじゃないか。どうせ主観的なことなんだから」と言う。すると皆が顔を見合わせて、まばたきし、肩をすくめる。議論は終了だ。常に。いつも。

それを打ち破るのが「なぜ倫理は主観的だと思う？」という私の問いかけだ。すると必ず、「全く間違っている理由」が返ってくる。それを論破すると、人々は再び本題の議論を始め、今度は脱線するようなコメントに邪魔されることはない。

AI倫理リスクプログラムを、倫理の本質を語るところから始める必要はない。しかしどこかの時点でそれについても話し合わなければ——断言しよう——人々は必ず「全く間違っている理由」を口にする。そうなれば、ポリティカル・コレクトネスや感情的なテーマを嫌う人々が大勢現れて、技術の偉大さ（テクノロジカル・グレイトネス）をも台無しにしてしまう。すると、取り組んでいるAI倫理リスクプログラムのコンプライアンスも低下し、リスクが高まる。人々がAI倫理についてどう考えているかが、効果的なAI倫理リスクプログラムを持てるかどうかに影響するのである。

おいおい、倫理が客観的だって？

私は皆さんに、倫理が主観的なものではないということを納得させようとしているのではない。倫理的な事実というものがあることを納得させようとしているのでもない。倫理が主観的であると考える一般的な理由は全く間違ったものであり、この点を理解しないと多くの問題につながる可能性があることを納得させようとしているのである。しかし倫理が主観的であると考える「全く間違っている理由」が3つあるからといって、4つ目に倫理が主観的であると考える「きわめて優れた理由」が絶対に存在しないというわけではない。

本書ではそこまで踏み込まない。「全く間違っている理由」という危険性を最初に排除しておく大きな理由は、それが実りある議論を妨げ、組織全体からの賛同を得る際の障害になるからである。全く間違っている理由がなぜ間違っているのかを理解した人の99パーセントは、倫理が主観的なものではないことを受け入れる準備ができているため、倫理について議論するという現実的な目的を達成できるのだ。

しかし納得できない人は、少なくとも、倫理的事実があると考えるのは無理なことではないと思ってほしい。それはおかしな話ではないのだ。そして私はここで、AI倫理リスクプログラムを作成したり、それに関与したりするためには、現場の人々の輪に加わることを皆さんに呼び掛けたい。そうすれば、AIの倫理的リスクを特定し、軽減するための効果的な仕組みについて考えられるようになるだろう。そして何をすべきかについて、同僚たちと理性的で根拠に基づいた議論をできるようになるだろう。そして倫理的リスク、評判リスク、規制リスク、法的リスクから組織を守るための重要な議論が途絶えてしまわないようにすることができるようになるだろう。

倫理ではなく、単に消費者の認識について議論すればいいのではないか？

そもそもなぜ倫理について議論する必要があるのか、不思議に思うかもしれない。消費者の倫理観や、さらに広く、消費者の認識について議論すればいいのではないか？　それなら通常の市場調査を行って、それを社内の倫理基準にするだけでよくなる。AI倫理は単に、AIの開発・導入に組み込まれるブランド価値に過ぎないのだから、倫理の話は脇に置いておこう、というわけだ。なんなら、「AI倫理」という名称を捨てて、そのまま「AI消費者認識」と呼んでしまえばいい。

これはまったく合理的な問いだ。それが混乱や誤解、素朴さ、あるいは倫理的な性格上の欠点に基づくものとは思えない。おかしな話ではないのだ。とはいえ、賢明であるとも言えない。そうすべきでない理由を3つ挙げよう。

運用可能性の問題

消費者や顧客の倫理観を導入したとしても、今度はそれを運用しなければならない。問題は、顧客の認識を比較的大まかに分析することは、皆さんが行う必要のあるきめの細かい決定にはあまり適していないということである。たとえば、最低限の道徳的良識のある人々（もちろん皆さんの顧客を含む）なら誰でも、人種を理由に人を差別することに反対する。しかし、たとえばモデルからの出力が差別的であるかどうかを判断するために、どの評価指標を使うべきかを決定するといった文脈において、差別をどのように考えるべきかという問題は、消費者の手を借りられるというものではない。ここには2つの問題が存在している。第1に、顧客の倫理認識はあまりに粗いものであるため、それを細かな問題に簡単に当てはめるわけにはいかない。そして第2に、皆さんが直面している問題は、顧客が考えてもみなかったものなのである。

たとえばフェイスブックは、そのアルゴリズムが人々のニュースフィードに表示されるコンテンツをどのように選ぶかについて、多くの詮索を受けている。この問題については、『監視資本社会 デジタル社会がもたらす光と影』（原題：The Social Dilemma）というドキュメンタリー映画も制作され、注目を集めた。しかしフェイスブックのエンジニアや製品開発者がそのアルゴリズムを開発していたとき、彼らは顧客の意見を尋ねようとすることすらしなかった。顧客はアルゴリズムのことや、その潜在的な落とし穴、どのようなデータが収集され、それを使って何が行われるかなどについて、何も理解していないからである。したがってフェイスブック（そして革新的な技術を生み出すあらゆる企業）は、さまざまな倫理的リスクがどのような形で現実となるのかを、顧客がそうした技術の存在を知り、そして検知すべき倫理的信念や認識を持つよりも先に予測する必要がある。

信頼には倫理的なリーダーシップが必要

企業は消費者を惹きつけ、さらには引き止めるために、彼らから信頼される必要がある。そして大規模な倫理違反ほど、彼らの信頼を大幅に損なうものはない。#DeleteFacebook（フェイスブックのアカウントを削除しよう）や #DeleteUber（ウーバーのアカウントを削除しよう）、#BoycottStarbucks（スターバックスをボイコットしよう）といったハッシュタグを考えてみてほしい。ここに登場する企業はそれぞれ、消費者の信頼（ユーザーのデータを保護するという信頼、彼らの元で働く労働者を丁寧に扱うという信頼、アフリカ系アメリカ人に差別のない環境を保証するという信頼）を損ねる行為を行った。そしてそれは、悪い意味で注目を集めることとなったのである。そのワクチンとなるのが、倫理的リーダーシップだ。

企業にガンジーになれと言いたいのではない。倫理的価値観を明確にし、それをどのように実践しているのかを説明する必要がある、という意味だ。それができないのに、企業が倫理規範を守ると口先だけで約束し、日々変化する消費者感情を市場調査で把握して、それだけを根拠に意思決定を図るようでは、彼らの倫理的メッセージは空虚なものとなり、消費者の信頼を失ってしまうのも当然と言えるだろう。ばらばらの価値観をいくつも持っていて、クールな若者に言われたことは何でもするような人と一緒に過ごしたいだろうか？

組織の賛同

AI倫理リスクプログラムを作成するには、組織のトップから末端に至るまでの賛同が必要であることを強調してきたが、そうした賛同を得るために避けなくてはならないのは、従業員がAI倫理をPRだとか、ポリティカル・コレクトネスに屈することだと捉えるような事態である。自社のAI倫理戦略全般が、消費者調査の結果に従うだけの戦略に成り下がるなら、社内の多種多様なステークホルダーから賛同を得られないだけでなく、AI倫理に情熱を注ぐようになった多くの従業員から白眼視され、「上辺だけで倫理を取り繕っている」と非難されるようになると思った方がいいだろう。賛同を得たいのであれば、倫理を単に消費者の倫理的認識の問題として捉えるのではなく、それを真正面から考えなければならない。

次はどうするか

これで倫理の基礎を固めることができた。この基礎を土台として、バイアス、説明可能性、プライバシーへの配慮を理解し、どのような「ストラクチャー」が必要かを明らかにしながら、前に進んでいこう。次の章では、最大の争点となる「差別的なAI」を解説する。

まとめ

- AI倫理リスクプログラムを実践するためには、組織からの賛同を得る必要がある。その賛同を得るためには、関係者たちがAI倫理とは何かを理解する必要がある。AI倫理とは何かを理解するには、AIと倫理について理解する必要がある。
- 「倫理とは何か」というテーマの重要な側面を理解する上で大きな障害となるのが、倫理的信念と倫理的事実を混同すること、および多くの人に倫理を「ぐにゃぐにゃ」あるいは「主観的」なものと勘違いさせる「全く間違っている理由」である。倫理についてこのような考え方をすると、把握すべき倫理的事実は存在しないと思うようになってしまう。そして最終的に、倫理的リスクの特定と軽減について真剣に考えようとした際に、肩をすくめてあきらめるようになってしまう。
- 少なくとも次の3つの理由から、AI倫理について考えることを、消費者の認識や感情に関する市場調査を行い、それに対応することへと矮小化してしまうべきではない。①AI倫理リスクプログラムには、一連の価値観を運用可能なものにすることが含まれるが、その価値観は消費者の認識に関する調査では得られない。②消費者は倫理的リーダーシップを求めており、単にその時々の感情に訴えるだけでは期待に応えられない。③このアプローチを採用すると、組織内でAIの倫理的リスクに関心がある人とない人の双方からの反発を招き、その結果、前者は組織から離れていき、後者はコンプライアンス意識が欠如する。
- これらの理由から、AIと倫理の両方に関する啓蒙活動を組織内の人々に対して行う必要がある。

第2章

バイアス　公平なAIを求めて

Aさんとその友人は、子供のお迎え時間に間に合うように学校へと急いでいた。そしてより速く移動するために、自転車とキックボードを盗むというあきれた策を思いつく。自転車とキックボードは合わせて80ドル分の値打ちがあり、どちらも6歳の子供の持ち物だった。その子の親は、2人の盗みの現場を見て、彼らを怒鳴りつけた。すると2人は、すぐに自転車とキックボードを捨てて逃げ出した。Aさんには以前、4つの軽犯罪で起訴された経験があった。

別の事件を考えてみよう。Bさんが工具店から86.35ドル相当の工具を盗んだ。この人物は以前、武装強盗と武装強盗未遂の罪で5年間刑務所に入っており、武装強盗未遂で3回目の起訴をされた。

あなたが裁判官で、AさんまたはBさんが今後2年間に犯罪（軽犯罪ではなく）を行う危険性を判断しなければならないとしよう。私自身は、AさんよりもBさんに対して厳しく接するかもしれない。Aさんのリスクは、Bさんよりも低いように感じられるからだ。軽犯罪は、武装強盗を複数回行うのに等しいほどの赤信号ではない。

しかしこれらの事件を実際に担当した裁判官は、私とは意見が違った。裁判官はAさんをBさんよりリスクが高いと判断しただけでなく、Aさんのリスクを10点中8点、Bさんを10点中3点と評価したのである。

この2つの事件について、重要な要素がさらに3つある。

- Aさんは若い黒人女性だった。
- Bさんは中年の白人男性だった。
- リスクスコアを決定した裁判官は、AIソフトウェアであった。

これは稀なケースではない。米国の報道機関プロパブリカが2016年に発表し、大きな注目を集めた記事によれば、COMPASと名付けられたこのソフトウェアは、過去の犯罪歴と犯した罪の種類を一定とした場合、黒人の被告は暴力犯罪を行う可能性が77パーセント高く、またあらゆる種類の犯罪を犯す可能性が45パーセント高いと予測した(1)。

繰り返すが、これは他のすべての変数を一定とした場合である。AIの倫理的リスクプログラムのコンテンツにどうアプローチするかについて語る際には、バイアスのあるAIについて真剣に議論することは避けられず、実際に多くの議論がなされている。

一方で、有効な解決策はなかなか見つかっておらず、現在のアプローチでは多くのリスクが残されたままになっている。

最先端と5つの課題

機械学習（ML）は、最高の状態にある場合、一定のインプットを得てさまざまな計算を行い、一定のアプトプットを返す。たとえば融資希望者のデータをインプットすると、誰を承認すべきか、あるいは拒否すべきかというアウトプットを返す。いつ、どこで、誰が、どんな取引をしたかというデータをインプットすると、その取引が正当なものか、あるいは不正かというアウトプットを返す。または犯罪歴、履歴書、症状などをインプットすると、それぞれ犯罪リスク、面接実施の妥当性、病気に関するアウトプットを返す、といった具合である。

ここでMLが行っているのは、融資、面接、住宅などの財やサービスを分配することだ。そして、仮に申請者の属性に関する情報（詳しくは後述）があれば、承認や拒否が、特性の異なるさまざまなサブグループ間でどのように分配されているかを確認することができる。

たとえばある履歴書審査AIは、AIを開発した組織に蓄積された過去10年間の採用データで学習させた場合、次のように判断するかもしれない。

- 応募してきた男性の30パーセントを面接する。
- 応募してきた女性の20パーセントを面接する。
- 応募してきた黒人男性の10パーセントを面接する。
- 応募してきた黒人女性の5パーセントを面接する。

この結果は、一見するとかなり疑わしい。このAIは女性や黒人男性、そして特に黒人女性に対してバイアスを持っているように見える。

これはおそらく、このMLにバイアスがある、つまりMLが差別的であるということだ。しかしそれをどうやって確信できるのだろうか？　「差別的なアウトプット」を構成するものは何か？　それを数値化できるか？　バイアスのかかったアウトプットを見つけ出し、そのバイアスを測定するソフトウェアを考案できるだろうか？

まさにこのソフトウェアこそ、多くの大手テクノロジー企業やスタートアップ、非営利団体が開発したものだ。彼らは機械学習の公平性に関する学術研究で発見された、公平性とバイアスに関するさまざまな指標や「定義」を利用して、それを実現している。

急に専門的な話になってきたが、ここではその詳細に立ち入る必要はない。知っておかなければならないのは、さまざまなMLモデルのアウトプットを評価するための、公平性に関する各種の定量的な指標があるということだけだ。そしてこんなふうにしてバイアスを特定することは、バイアスを緩和すること、すなわち「バイアス緩和戦略」を選択することにも役立つ。エンジニアやデータサイエンティストは、指標に従ってより良い結果が得られるように製品を調整する必要がある。それにより、アウトプットからバイアスが減り、融資や面接の機会、住宅を得られる人を選択する際に、正しい「判断」が行われるようになる。

しかし喜ぶのは早計だ。この方法には、少なくとも5つの問題がある。

第1に、公正さを測る定量的指標はおよそ20種類が存在するが、重要なのはそれらに互換性がないという点である[(2)]。あなたがこれらの指標のすべてに照らし合わせて「公平である」と判断されるということはあり得ない。

たとえば、本章の冒頭で紹介した、被告のリスク評価を行うCOMPASのソフトウェアベンダーのノースポイントは、差別が行われているという指摘に対して、公平性を測るために、完全に正当な別の定量的指標を使っているのだと反論している。詳しく解説すると、COMPASは、黒人と白人を合わせた被告人全体で真陽性率を最大化することを目指していた。その背景には、「再犯の可能性が高い人々を野放しにするのは本当に悪いことだ」という、極めてシンプルな考え方がある。そうした人々を特定するのに優れていればいるほど、私たちはより良い結果を得ることができる、というわけだ。

プロパブリカは公平性を示すために、別の指標を使った。白人と黒人を合わせた被告人全体における偽陽性の割合である。その理由は単純だ。「再犯の可能性が低い人を刑務所に入れるのは、本当に悪いことだ」と考えたのである。そうする必要のない人々を刑務所に入れるというケースが少なければ少ないほど、私たちはより良い結果を得ることができる、というわけだ。

つまりノースポイントは真陽性率を最大化しようとし、プロパブリカは偽陽性率を最小化しようとしたのである。重要なのは、両方を同時に行うことはできないという点だ。真陽性を最大化すると偽陽性が増え、偽陽性を最小化すると真陽性が減るのである。

バイアスの特定と緩和のための技術的なツールは、ここでは役に立たない。そうしたツールは、AIにさまざまな調整を行った結果、特定の公平性指標に従ってどのようにスコアが変化するかを教えてくれるが、どの指標を使うべきかは教えてくれない。言い換えれば、倫理的なリスクの多くが残されてしまうのである。

つまり、データサイエンティストやエンジニアが不得手とする、倫理的な判断が必要なのだ。公平性の定量的指標のうち、倫理的なもの、あるいは適切なものがあるとしたら、いったいどれなのか？　こうしたことに技術者が不得手なのは、彼らの性格とは無関係であり、ただ複雑な倫理的ジレンマに取り組むための教育や訓練を受けてこなかったことが原因である。要するに、この種の判断が行われるときに、その場に専門家がいないのだ。弁護士もいなければ、政治理論家も倫理学者もいない。しかし専門家がその場にいなければ、専門的な判断は期待できない。このことを考慮しないと、現実の世界に影響を及ぼすおそれがある。

ここで最初の「コンテンツからストラクチャーを導く教訓」を導き出してみよう。本書では、コンテンツに関する側面（たとえば「バイアスと差別は倫理的に複雑な問題であり、技術的あるいは数学的な対策では解決できない」など）を理解することで、「ストラクチャー」に必要なものを浮かび上がらせるが、そのたびに、それを教訓として強調しておきたい。

コンテンツからストラクチャーを導く教訓1

倫理、法律、ビジネスに関する専門知識を持つ（理想的には複数の）個人が必要。そうした人々が、特定のユースケースにおいて適切な公平性の定量的指標があるとすれば、それはどれなのかを判断する[(3)]。

この教訓の「適切なものがあるとすれば」という箇所は重要で、それは私のほぼすべてのクライアントが投げかけるのと同じ疑問を生む。その疑問とは、「ある財を分配する際に、特定の集団を構成するサブグループの間で差をつけるのは常に不公平なのか。［融資や広告枠、推薦などの］分配に差をつけることが、正当化される場合もあるのではないか？」というものだ。

簡単に言ってしまえば、この問いに対する答えはイエスである。まず、分配される財やサービスが、人並みの生活を送る上で重要ではないという場合がある。たとえば次に観るべき映画を推薦してくれるAIがあり、それがスティーヴン・スピルバーグの映画を推薦する確率がサブグループ間で異なっていたとしよう。これは「差別的なモデル」という文脈で気にする必要がある問題だとは言い難い。次に、「一部のサブグループが、集団全体の中で彼らが占める割合を考えると大きすぎるパイを占めている」という妥当な内容だと感じられる訴えが行われることがあるが、それを不当であるとして止めなければならないとは思わない場合もある。たとえば、少し物議を醸しそうな例だが、エリート大学に入学を許可される人々の中で、アジア系やユダヤ系の人々が占める割合は不釣り合いなほど大きい。しかし少なくとも、このことを定量的な公平性の指標を適用して「補正」する必要があるとは断言できない。ここで言いたいのは、単にさまざまなケースがあるということだ。そして「コンテンツからストラクチャーを導く教訓1」にあるように、適切な人材を配置し、自分が直面しているユースケースにおいて、公平性を判断するのに適切な定量的指標があるとすれば、それはどれかを彼らに決めさせなければならない。

第2に、こうしたツールがバイアスを特定しても、それを緩和する戦略を推薦してくれることもないし、万能の解決策というのもない。たとえばいま、顔認識ソフトがあり、それが黒人女性に対してバイアスがある（他のサブグループよりも黒人女性の識別精度が低いため）としよう。また本章の冒頭で取り上げた、黒人女性に対してバイアスを持つ履歴書審査AIも思い返してほしい。

顔認識ソフトの場合、問題はアンダーサンプリング（十分なデータが得られなかったこと）にある[(4)]。学習用のデータセットに、黒人女性の写真が十分に含まれていなかった（たとえば、さまざまな角度から撮られた写真、あるいはさまざまな照明で撮られた写真がなかった）のだ。ここでのバイアス緩和戦略は、大まかには明確である。「黒人女性の写真をもっと撮るべきだった」ということである（「大まかに」と言ったのは、具体的にどうやって写真を入手するか、それを倫理的な方法で行うかは別の問題だからである）。

応募者のリスクを評価するAIの場合、それが持つバイアスは、組織内で過去に行われた採用のデータに存在していたパターンからもたらされた結果である。そのパターンとはつまり、「うちは女性を採用しない」ということだ。この場合、より多くのデータを集めること（過去10年分だけでなく、過去20年分の採用データを引っ張ってくるなど）は、バイアスを緩和する戦略としては最悪である。それはむしろ、バイアスを助長するだけだ。

では具体的に、どのようなバイアス緩和戦略をリストアップし、どのユースケースでどれを採用するかというのは、倫理的、法的、ビジネス的なリスクを含む複雑な問題である。技術的なツールでは、この種の決断を下すことはできない（そして、下すべきではない）。そこで教訓2の出番だ。

コンテンツからストラクチャーを導く教訓2

適切なバイアス緩和戦略を選択するのに必要な専門知識を持つ（理想的には複数の）個人が必要。

第3に、こうしたツールが測定するのは、AIモデルのアウトプットである。つまりバイアスの特定は、開発ライフサイクルのかなり後で行われる。それ

はデータセットが選択され、モデルの学習が行われた後、つまり大量のリソースが製品開発に費やされた後で行われるのだ。そのため、AIの比較的わずかな調整では解決できないバイアスの問題が検出された場合、最初からやり直すというのは非効率的であり、歓迎されないことは言うまでもない。製品開発の最初の段階からバイアスを緩和できる確率を大幅に上昇させる、つまりバイアス緩和の効率を上げるには、モデルの学習前、たとえば学習データを収集しているときからバイアス特定の取り組みを始めることである。さらに、モデルの学習前に適切な公平性の指標を選択しておくことで、既に行った学習において良い結果の出ている指標を選択してしまうことがなくなる(既に良いスコアが得られている公平性指標ならば、同様の結果を出すのは簡単なのだ)。そこからさらに、もうひとつの教訓が得られる。

コンテンツからストラクチャーを導く教訓3

モデルの潜在的なバイアスを特定し緩和する取り組みは、モデルの学習前に開始すべきであり、理想の開始時期は学習用データセットの内容やソースを決める前である（そもそも、差別的なAIができてしまうのを防げる見込みはどの程度あるのかを、AIソリューションの開発を決定する前に検討しておくべきだ)。

第4に、技術的なツールは、あらゆる種類のバイアスに対応できるわけではない。たとえばそれは、検索エンジンが黒人を「ゴリラ」に分類するようなことが起きていないかどうかを明らかにすることはできない[(5)]。またチャットボットが、日本の人々に対して年長者を敬う文化に見合った言葉を使っていないなど、文化的に無神経な態度を取っていないかどうか、チェックすることもできない。これらはバイアス、あるいは後者については文化的無神経の事例であり、対応できる技術的ツールは存在しない。財やサービスの不当な分配による「配分的」損害に対し、これらは「表現的」損害と呼ばれることもある。

第5に、技術的ツールでバイアスを測定する方法は、差別を禁止する既存の法律に適応していない(6)。差別禁止法は、企業が意思決定プロセスにおいて、人種や性別などを変数として使用することを禁じている。しかし、AIモデルのバイアスをテストするためにはこうした変数が必要で、バイアスを緩和するためにAIチームがモデルに加える変更にもそれが影響を与えるとしたらどうだろうか。それは倫理的に許されるだけでなく、倫理的に求められる可能性が高い。つまり企業は、結論がケースバイケースで異なる、極めて重い決断を下すという厄介な立場に置かれることになる。自分たちのモデルに潜むバイアスを、(時代遅れの)差別禁止法が禁じているやり方で緩和すべきか否か、あるいは既存の差別禁止法に従って行動し、バイアスが確認されたモデルを捨てたり、プロジェクト自体を停止したりするべきか否か、というわけだ。

コンテンツからストラクチャーを導く教訓4

適切なバイアス緩和手法を選択する際には、弁護士も関与することが望ましい。

差別が生じる可能性はどこから生じるのか?

先ほど挙げた、バイアス緩和のための、現在の技術的アプローチにおける5つの問題は、プロセスや監視のストラクチャーを特定するのが難しいから発生するのではない。それはコンテンツに関するリスクが存在するから発生するのだ。公平性に関するさまざまな定量的「指標」のうち、こうしたユースケースにおいて使用するのに適切なものがあるとすれば、それはどれだろうか？　ここでいう「適切」とは、倫理や評判、規制、法律、ビジネスのリスク面において、という意味だ。こうした評価指標では捉えられないような、不公平あるいは不公正なモデルが存在する可能性はあるのだろうか？　サブグループ間で異なる影響が及ぶ場合は、すべて差別的と言えるのだろうか？それとも許される、あるいは必要とされる場合もあるのか？

このような状況において、組織が問うべき包括的な問いとは次のようなものだ——私たちのモデルのアウトプットが差別的なものになる可能性はあるのか、もしそうなら、私たちはそれに対して何をすればいいのか？　繰り返しになってしまうが、これは「コンテンツ」の問題であって、「ストラクチャー」の問題ではない。誰が問いかけるべきか、いつ問いかけるべきか、分からないときにどうするべきか……これらはすべて「ストラクチャー」に関する問題だ。そして、「コンテンツ」の問題を明確にすればするほど、「ストラクチャー」の構築はより簡単になり、成功しやすくなる。

差別的なAIが構築される可能性をすべて挙げるのは不可能だ。あまりにも多くの可能性があるからである。しかしここでは代表的な6つの例を、2つのカテゴリーに分けて紹介しよう。

カテゴリー1　学習データに関する問題

例1　現実世界における差別

世界は時として、醜い場所になる。その原因のひとつが差別であり、それは現在も存在しているし、また歴史を通じて存在してきた。いまAIに特定の住宅ローンを承認すべきか否かの学習をさせるために、過去に誰が住宅ローンを組んだかという履歴（ヒストリカル）データを使用するとしよう。すると、現実世界の差別のせいで住宅ローンを認められる黒人の割合が低いために、学習データはその事実を反映してしまう。その結果、AIが学習するパターンは「黒人には貸さない」というものになる。

例2　アンダーサンプリング

世界は極めて複雑にできているため、そのすべてを学習用のデータセットでは捉えられないことがある。たとえば公共交通機関の運行スケジュールを立てるために、通勤・通学する人々の移動パターンに関するデータが必要だとしよう。使用する学習データは、標準的な通勤時間帯に収集された、人々が持つスマートフォンの位置情報だ。しかし誰もがスマートフォンを所有できるわけではなく、通常は裕福な人々に限定される（米国の場合、これは人種にも関係してくる）。そのためこの学習データには、経済的に恵まれていない人々の通勤パターンに関する情報が十分に含まれていない、アンダーサンプリングの状態である。その結果、裕福な人々の通勤時間に合わせてAIが学習するため、彼らの住む地域に有利な判断をし、経済的に恵まれていない人々が相対的に不利になる可能性が高い。

例3　プロキシバイアス

時には、本当に求めているデータを得られない場合がある。その際にはプロキシ（代理となる存在）が使用される。たとえば刑事被告人のリスク評価AIを作成し、対象となる人物が釈放後2年以内に犯罪を犯す可能性を推定するとしよう。しかし犯罪を犯している人〔逮捕されていない人も含む〕についてのデータは取得できないため、代わりに誰が犯罪で起訴されたかというデータ（たとえば逮捕者に関するデータ）を使用する。ところがさまざまな理由から、特定の集団では、他の集団よりも逮捕者の割合が多いということが起こり得る。警察官の差別的な姿勢や、犯罪率の増加などといった理由から、警察による取り締まりに不均衡が生まれるといった具合である。ある集団を取り締まれば取り締まるほど、（他の条件がすべて同じであった場合）

犯罪の認知件数は増加する。たとえ取り締まりがあまりされていない集団でも、この問題は同じ割合で発生する。すると何が起きるだろうか？　開発されたAIは、黒人は白人よりも犯罪を行う可能性が高い——おっと！「逮捕される可能性が高い」という意味だ——と判断するようになる。

カテゴリー2　テストに関する問題とユースケースの捉え方

例4　粒度の粗いモデル

人はそれぞれ違うため、全員を同じように扱うと問題に直面する。たとえば糖尿病を検出するAIを開発するとしよう。さまざまな特性で分けられた異なるサブグループの優れたデータがあるのだが、最終的に完成したAIは、患者の民族や性別に関係なく、同じ診断基準を適用する。問題は、糖尿病は民族や性別によって特性が異なるため、その点を考慮しないと誤診につながるという点だ。同じモデルを一律に適用すると、上手くいかないのである。

例5　ベンチマークやテストにおけるバイアス

他社（おそらく競合）が開発したAIをベンチマークとして、自社のAIをテストすることを考えているとしよう。しかしそのベンチマークにバイアスがあったとしたらどうなるだろうか。いま住宅ローンAIを開発中で、学習が上手くいったかどうかを、住宅ローン会社のほとんどが利用しているベンチマーク・データセットを使って検証しようとしているとする。テストの結果、あるひとつの点において、非常に良い結果が得られた。真陽性率（つまり住宅ローンを提供してもよいと考えられる人々を正しく把握できた率）が極めて高かったのだ。「成功だ！」とあなたは思うだろう。ところがベンチマークとなるデータセットにおいて、黒人に対する住宅ローンのデータが極端に不足している、つまりアンダーサンプリングの状態になっていることが判明する。有力な住宅ローン提供先を高精度で予測するAIを開発していたと思ったら、実はそれは、住宅ローン提供先として有力な白人を高精度で予測するAIだったわけだ[(7)]。

例6　目的関数のバイアス

AI開発の目標そのものが、特性の異なるさまざまなサブグループの間に不平等を意図せず引き起こすことがある。たとえばいま、肺移植を受ける患者を選定する作業をしているとしよう。するとこんな合理的思考をするかもしれない。「この肺をできるだけ長持ちさせたい。18歳の子に移植できるのに、それを少しの間しか利用できない90歳の老人に与えるのはもったいない」。そこでAIを使い、どの患者が最も長く肺を使う可能性が高いかを判断しよう、ということになる。ところが黒人は白人ほど長く生きられないという傾向があった。その結果、肺移植の選定において、黒人より白人を優先するというAIモデルが意図せず出来上がってしまう。

これは特に議論になるケースだ。こう主張する人もいるだろう。「いいか、倫理的に最良な選択肢とは、命が救われる年数を最大化することだ。私たちはヘルスケア企業であって、歴史上の多種多様で複雑な不公正や、偶然の出来事を考慮することはできない。それは単純に、私たちの権限や責任の範囲を越えている。そして率直に言って、私たちにはリソースが不足していて、人種的公正さにおける自らの役割について、情報に基づいて判断するほどの調査を行うことができない」

しかしこんな主張もあるかもしれない。「私たちはヘルスケア企業で、歴史的な不公正をすべて正すことはできない。しかしそうした不公正をさらに悪化させるか、その改善に取り組むかという話で言えば、後者を選ぶべきだろう。そしてこの問題がまさにそういう類の話で、私たちは黒人の人々にとっての救命治療をできる限り他の集団と同程度、利用可能なものにすることができる。それによって、少なくとも短期的には、命が救われる年数を最大化できないなど他の倫理的犠牲を払うことになったとしても、仕方がない」

これは「コンテンツ」に関する、非常に難しい問題だ。この問題（あるいは目的関数を決定することが差別的になりかねない他のすべての問題）に答えるためには、組織はそれをより深く掘り下げなければならない。それをどのように行うかは、「ストラクチャー」に関する問題となる。

緩和戦略

このようなバイアスその他の原因を見抜くのは簡単な話ではない。さらに、これは始まりに過ぎず、その後チームは適切なバイアス緩和戦略を選択する必要がある。より多くのデータを集める（アンダーサンプリングの場合）という戦略もあれば、より良いプロキシを選択するか、可能であれば目的とするデータを集めるようにする（プロキシバイアスの場合）、単一のモデルをさまざまな集団に当てはめてしまっていいか慎重に判断するようにする、という戦略もあるだろう。しかし少し待ってほしい。注意すべき点が他にもあるのだ。

AIに対するさまざまなインプットに対し、どのような重み付けをするかという決断を下す必要がある。たとえば自動車保険の保険料を決める場合には、年齢よりも運転歴、車体の色よりも車種を優先するなど、さまざまな重み付けをするだろう。異なるアウトプットを得たいのであれば、入力するインプットやその重み付けを変えることがひとつの方法となる。たとえば郵便番号は人種と高い相関関係を示すことが多いため、郵便番号を考慮に入れるにしても重み付けを下げれば、人種差別を防げる可能性が高い。

またさまざまな集団に対して、どう閾値を設定するかという判断を下す必要もある。AIは0か1かという「判断」をアウトプットできる。面接するかしないか、融資するかしないか、広告を出すか出さないかといった具合だ。しかしAIの予測やアウトプットは、多くの場合、0か1かではなく、その間を含むスペクトルにおいて行われる。そこのどこに明確な線を引くか、つまり誰かが「ノー」ではなく「イエス」と言われるために、満たさなければならない閾値をどこに設定するかを決める必要があるのだ。その閾値をどこに設定すべきか？　意思決定の対象集団によって、閾値を変えるべきだろうか？

最後に、アウトプットを比較するための人口統計データがない場合にどうするかを考える必要がある。ここまでは、AIによる予測の対象となる人々の人口統計データを自分たちの組織が持っていると仮定してきた。しかしそうしたデータが不足している場合もあるし、そもそもそれを集めることが違法な場合もある。それでもバイアスを緩和する戦略はあるだろうか？　おそらく、さまざまなサブグループの代理となるプロキシを使い、そうしたプロキシの間で公正な分配を試みることは倫理的に許されるだろう。もちろんこれは倫理的な問題を引き起こす可能性もあり、法的な問題については言うまでもない。

考えることが多すぎる、と感じただろう。そこで分解して整理しておきたい。

AIの学習を始める前に、次のことをしておく必要がある。

1. 学習用データセットと目的関数を分析し、ユースケースに応じて、差別的なアウトプットの潜在的な原因となり得るものを把握する。
2. モデルのテスト方法によって、差別的なアウトプットが発生する可能性があるかどうかを検討する。
3. 差別的なアウトプットをもたらす潜在的な原因が特定されたら、それぞれの原因について、適切なバイアス緩和戦略を考える。
    a　この戦略の例として、より多くのデータを収集する、合成データ（データサイエンティストが作成したデータ）を導入する、目的関数を変更するなどが挙げられる。
4. 想定しているユースケースに適した、公正さの定量的指標を選択する。

そしてAIを学習させた後には、次のことをする必要がある。

5. 学習前に選択しておいた、公正さの定量的指標に照らして、AIのアウトプットが公正か否かを確認する。その答えがイエスで、他の条件についても問題なければ、プロジェクトを継続させる。ノーなら下記6を実行する。
6. バイアス緩和に向けて適切な戦略を選択する。それには先ほど3aで挙げたものだけでなく、閾値を変更したり、重み付けを調整したりすることも含まれる。
7. 上記5に戻る。

これはかなりハイレベルな内容だ。分析し、検討し、選択せよと言っているわけである。あなたが分析、検討、選択しなければならない問題は、データセットの定量的分析から、何が倫理的に適切かに関する定性的評価、何が適切なバイアス緩和戦略かという定性的判断に至るまで多岐にわたり、それを行う際にはデータの可用性だけでなく、時間とリソースの有限性によっても制約される可能性がある。私に言わせれば、上記で見た1～7の流れは「コンテンツ」のレベルにあたる話であり、いかに分析、検討、選択するかは「ストラクチャー」の問題だ。しかしこれで、「ストラクチャー」で何を達成する必要があるかお分かりいただけただろう。「コンテンツからストラクチャーを導く教訓」が促しているように、ストラクチャーが体系的、包括的、そして責任のある形でこの種の問題を分析、検討、選択できるよう、それを構築する必要がある。第6章において、ストラクチャーをどう構築するか詳細に説明する。

2つの重大な欠落

AI倫理をテーマとしたイベントに行くと、AIにおけるバイアスの問題に関わるダイバーシティ（多様性）とインクルージョン（受容性）について、少なくとも2つの情熱的な主張を耳にすることができる。「AIを開発するエンジニアやデータサイエンティストには、もっと多様性が必要だ」、あるいは「ステークホルダーが特に歴史的に疎外されてきた人々である場合には、彼らを巻き込み、設計プロセスに関与させる必要がある」というのは、もはや決まり文句となっている。これらの問題に取り組むことなく、AIにおけるバイアスについての議論を終わらせることはできない。

これらのうち前者の主張は、エンジニアリングチームや、製品設計チームの多様性を増す必要があるという意味である。そうすれば、チームの人口統計学上の多様性が反映されて、製品開発のプロセスに変化が生まれる。この点を議論する中でよく引き合いに出されるのが、シートベルトのデザインだ。シートベルトは男性によって設計され、衝突試験のダミー人形は平均的な米国人男性の体重と体型をしている。その結果、女性（特に妊娠中の女性）はシートベルトの装着感が悪く、リスクも高くなっている。もうひとつの例が「人種差別的ソープディスペンサー」だ。これはセンサーを備えたソープディスペンサーで、手をかざすとそれを検知して石鹸が出るというものなのだが、これを開発した人々は白人で、自分たちの手でしか実験しておらず、手と背景の光のコントラストでしか学習させていなかったため、肌の色が濃い人には石鹸が出なかった。

そして後者の主張は、より幅広いステークホルダー、特に歴史的に疎外されてきた集団の人々を巻き込む必要があるということだ。これについて、もっと良いやり方があっただろうAIの例として身近なものを挙げるのは難しいのだが、たとえば有色人種に偏った影響を与える政策や、さまざまなコミュニティを侮辱する広告キャンペーンといった例はいくらでもある。

人権の問題全般、特に人種の問題については、私は差別される側の人々を支持する人間である。私たちは社会として、企業として、そして個人として、行動を改めていくべきだと私は考えている。また、雇用や昇進におけるさまざまなバイアスに対抗するためには、企業による幅広く戦略的な取り組みが必要だと思う。前置きが長くなったが、多様性のあるエンジニアリングチームやステークホルダーから意見を聴取するのは素晴らしいことに感じられるだろうし、それを吹聴する人々は、こうしたことが正義のために重要であるという点で間違いなく正しいが、それらがAIのバイアス緩和において、最も効果的かつ迅速な方法であるという証拠はほとんどない。ある意味においては、これは良いニュースだ。エンジニアリングチームや製品チームを、たとえば米国の多様性を反映するような形で多様化させるのには、何世代もかかるからである。AIのバイアスを特定し緩和するために、何世代にもわたる目標を達成することが絶対に必要だとしたら、私たちはとんでもなく大きな問題に直面していることになってしまう。

ステークホルダーを巻き込むことに関しても同様の問題が生じるが、これは間違いなく良いことだ。実行に移す際の問題が発生することに加えて、それ自体はいかなる倫理的リスクも緩和しない。ステークホルダーからのフィードバックに基づいて考える方法を知らなければ、何にもならないのである。たとえばあなたの会社のステークホルダーが、人種差別主義者だったとしたらどうか。AIを導入しようとしている地域の規範が、男女差別を助長するようなものだったとしたらどうか。ステークホルダー間で利害の対立があり、意見が一致していないとしたらどうか。結局のところステークホルダーは、単一の視点を持つ一枚岩の集団ではないのだ。ステークホルダーの意見は貴重で、責任ある意思決定には欠かせない。しかしステークホルダーの意見からだけでは、プログラムを実行するかのように倫理的な決定を導き出すことはできない。ステークホルダーの意見を尊重しようが、（一部の）意見を無視しようが、それは定性的な倫理的判断となる。

繰り返しになるが、多様性のあるチームを編成し、ステークホルダーの声に耳を傾けることは重要であり、そうすべきである。しかしコロンビア大学が最近発表した論文によれば、これらは必ずしも、最も効果的なバイアスの特定・緩和の戦略とは言えない[(8)]。AIにおけるバイアスの緩和を語る上でより重要なのは、モデルの学習やテストの際に生じる倫理的・法的リスクに関する専門知識が存在するという点である。

箱の中身は？

誰も差別的なAIなど望んではいない。それは明らかに悪いものだ。しかし次章で解説するように、ブラックボックスの問題については、少し複雑な事情がある。

まとめ

- バイアスに関連する「コンテンツからストラクチャーを導く教訓」は4つある。これらは、コンテンツを理解することで、「ストラクチャー」へのアプローチ法を教えてくれるものだ。
  1. 倫理、法律、ビジネスの専門知識を持つ（理想的には複数の）個人が必要。そうした人々が、特定のユースケースにおいて適切な公平性の定量的指標があるとすれば、それはどれかを判断する。
  2. 適切なバイアス緩和戦略を選択するのに必要な専門知識を持つ（理想的には複数の）個人が必要。
  3. モデルの潜在的なバイアスを特定し緩和する取り組みは、モデルの学習前に開始すべきであり、理想の開始時期は学習用データセットの内容やソースを決める前である。
  4. 適切なバイアス緩和手法を選択する際には、弁護士も関与することが望ましい。

- バイアスのあるアウトプットや差別的なアウトプットは、次のようなさまざまな原因で起こり得る。
  - 現実世界における差別
  - アンダーサンプリング
  - プロキシバイアス
  - 粒度の粗いモデル
  - ベンチマークにおけるバイアス
  - 目的関数のバイアス

- こうしたバイアスの原因に対しては、より多くのデータを収集する、より良いプロキシを選択する、より細かいデータを使用する、異なる目的関数を設定するなど、さまざまなバイアス緩和戦略が考えられる。さらに次のような戦略もある。
  - インプットの重み付けを調整する。
  - アウトプットの閾値を調整する。
  - 人口統計データがないという観点からすべきことを検討する。

- 現在のアプローチ（アウトプットを公正さの定量的指標に照らし合わせて計測するソフトウェアの使用など）は不適切なものだ。その理由として、次のような問題を挙げることができる。
  - 指標に互換性がない。
  - どのようなバイアス緩和戦略を実行すべきかという問題に対処していない。
  - 開発プロセスの中で、バイアスに対処するタイミングが遅すぎる。
  - すべてのバイアスに対処していない。

– 現在の差別禁止法に則していない可能性がある。

- エンジニアリングチームや製品開発チームの多様性を高める（もちろん、シニア AI リーダーの多様性も高める）ように努める必要がある。しかし効果やスピードの観点から、これをバイアスの特定と緩和の主要な戦略にすべきではない。

第３章

説明可能性　インプットとアウトプットの間にある領域

あなたは理想通りの家を見つけ、その足で住宅ローンを組もうと銀行に向かう。融資担当者の前に座り、氏名、生年月日、職歴など、求められた情報を申込書に記入する。さらにクレジットカードの明細書と給与明細、行っている投資のポートフォリオに関する情報などを提出する。融資担当者は受け取った紙の束を、コピー機のようなマシンの片側から投入する。マシンは瞬時に紙を吸い込み、ウィーンと音を立てると、１枚の紙をプリントアウトする。そこにはこう書かれている——却下。

「申し訳ございませんが、住宅ローンのお申し込みはお断りさせていただきます」と、融資担当者が告げる。

理想の家を見つけたというあなたの興奮は、悲しみと混乱に変わる。「どうして？」とあなたは尋ねる。

「マシンがそう判断したからです」と担当者は答える。そしてもっと説明しろと言うあなたにこう告げる。「お客様にご提出いただいたデータをすべてインプットしました。マシンはそれを他のお客様のデータと比較したのです。承認された人、却下された人、貸し倒れになった人、返済した人と比較したところ、お客様のデータは明らかに貸し倒れになった人のものと似ています」

この時点で、あなたの混乱は怒りに変わっている。「自分の申請のどこが悪くて却下されたのか知りたい。ふざけないでくれ……説明しろ！」

しかし激しい怒りもむなしく、あなたは行き詰まる。融資担当者が説明を拒否しているわけではない。説明できる人物を出すのを拒否しているわけでもない。誰も説明できないのだ。マシンはブラックボックスで、どのようにアウトプットが行われるのか、中をのぞくことはできないのである。

このような状況を受け入れがたいと感じるのは、あなただけではない。しかしこれは、多くの機械学習（ML）アルゴリズムで発生している状況だ。多くの場合、アルゴリズムを開発した人でも、そのアウトプットを説明することはできない。そしてより多くの人々が、MLのアウトプットを説明できるようにせよと要求するようになっている。それがブラックボックスであることを拒否し、透明な箱になることを望んでいるのだ。

問題は、顧客や従業員らに不満をもたらすことだけではない。場合によっては、住宅ローン審査の結果など、決定に対して説明をすることが法的に義務付けられていることもある。今後、ますます多くのAIによる意思決定に対して、同様の義務が生じると覚悟しておいた方がいい。決定の対象となった人々の前ではなく、あなたの開発したAIに差別されたという訴えを起こした人々の弁護士の前に立たされたとき、住宅ローンや面接、保護観察を却下した理由を説明したい、説明できないと、とあなたは思うはずだ。他にも従業員から、「なぜ私は昇進できなかったのか」、「なぜ欠員のあるポジションに自分が就けなかったのか」といったことに説明を求められるケースもあるだろう。そのような場合に説明できないでいることは、倫理的リスクであると同時に、評判・規制・法的リスクにもなり得る。

AIにおける説明可能性の議論は、一般的に、非常に狭い範囲に限られている。バイアスの場合と同様、議論の中心となっているのは、ブラックボックスの中をのぞくためのさまざまな技術的アプローチだ。このアプローチは非常に難しく、場合によっては不可能とさえ言われている。しかしそうした技術的アプローチに注目するのではなく、またすべてのAI倫理に関する声明に「説明可能性」や「透明性」という言葉をつけて、会議の講演者たちにブラックボックスの存在を非難させる前に、一歩下がって大局を見よう。なぜなら、これから見ていくように、MLのアウトプットが説明可能であることは必ずしも重要ではなく、また説明において、インプットとアウトプットの間で起こっていることは必ずしも必要ではないからである。

説明を分解する

先ほど取り上げた、理想の家を買う夢が破れたという例を再び考えてみよう。そうなるまでに、いろいろなことが起こっている。

1. 少し前、自動化の時代が始まる以前は、銀行の該当部署は住宅ローン申請書のフォーマットを用意し、申請者に対して自分に関する情報を書き入れるよう求め、その情報に基づいてローンを承認すべきか否かを判断する、簡単なディシジョンツリー（決定木）を作成していた。
2. この申請書は、長年にわたり、さまざまな人々によってさまざまな形で更新されてきた。
3. 銀行は、どのローン申請者が住宅ローンを滞納したか、あるいは無事に完済したかを追跡している。
4. 少しすると、何万件という申請が承認され、却下される。そしてどのローンが完済されたか、あるいは不履行になったかを、銀行は把握する。
5. MLを使って融資審査を自動化するのは良いアイデアだと、誰かがゴーサインを出す。
6. 銀行は手元にある過去の情報をすべて利用することにする。また彼らは、申請に関係すると考えられる他の情報も集められることに気づいている。たとえばソーシャルメディアのデータ（申請者がどんなソーシャルメディア・サイトを使っているか、そこでどのくらいの頻度で投稿や他人の投稿へのコメントを行っているか、誰の投稿にコメントしているか）などだ。

7. 銀行のチームは、このタスクに適していると思われる学習アルゴリズム（すぐに利用可能なものが多数ある）を選択する。
8. 選択されたアルゴリズムは、膨大な量のデータを解析し、数千のデータポイントからパターンを見つけ出すことに長けている。
9. MLは、申請者ごとに住宅ローンが不履行になる確率を0から1の間でアウトプットする。たとえば0.3345は、不履行が起きる確率が3分の1より少し上であり、0.0178なら2パーセント弱、といった具合である。
10. チームは、不履行の確率が3.74パーセントより高い人に対して、住宅ローンの申請を却下すべきであると決定する。つまり3.74パーセントは承認すべきか否かの基準である。
11. 銀行の経営陣はAIの導入を承認する。
12. 融資担当者のマーヴィンが、あなたの申請が却下されたことを告げる。
13. あなたの弁護士が、汗びっしょりで宣誓証言を行う主任技術者をにらみつけ、なぜ住宅ローンを拒否されたのかの説明を求める。
14. また、あなたは黒人だ。

これだけ端折った説明からでも分かるように（皆さんが考えもしないような判断ポイントをこの中にもっと追加できた）、なぜあなたのローン申請が却下されたかということについてどんぴしゃりの説明はあり得ない。というより、無数の出来事からなる1つの大きな説明があり、そしてその無数の出来事に対して、小さな説明が存在しているのだ。要するに、こんな具合だ。ローン申請書を最初に作成した融資担当者は、審査基準をどのような理由で選んだのだろうか？　なぜその基準は何年もかけて更新されてきたのか？　その更新の妥当な理由として、どんな問題やきっかけがあったのか？　エンジニアやデータサイエンティストは、なぜソーシャルメディアのデータが関連するかもしれないと考えたのか？　なぜ他のデータ、たとえば通っていた小学校のデータが関連すると思わなかったのだろうか？　どうやって学習アルゴリズムを選んだのか？　なぜモデルは、与えられたインプットに対してそのようなアウトプットを行ったのか？　なぜ3.74が閾値なのか？　なぜ3.76パーセントや12.8パーセントではないのか？　経営陣はどのような根拠でAIの導入を承認したのか？　こうした質問（他にも考えられるかもしれない）に対する回答が集まって、あなたがローンの審査で落とされた理由の大きな説明となるのである。

これらの質問と、それに対する答えがすべて揃ったところで、さらに2つの質問がある。

1. 人々がMLのアウトプットの説明を求めるとき、彼らは何を求めているのか？
2. そうした説明の中で、何が最も重要なのだろうか？

ブラックボックスを解明する

住宅ローン申請を却下された理由についての説明の大部分は、「人々がなぜそのような決定をしたのか」を理解するための内容となっている。これを「人間による説明」と呼ぶことにしよう。

人間による説明がどのようなものかは、見当がつくはずだ。「自動化することにしたのは、申請の数が処理できる限界を超えつつあったからです。ソーシャルメディアのデータに関連性があると考えたのは、そこからローンの返済を予測する行動パターンを明らかにできるかもしれないと判断したからです。3.74パーセントを閾値として設定したのは、アウトプットのクラスタリングの方法と、当行のリスクアペタイト〔ある組織において、受け入れられるリスクの種類や量を示したもので、それぞれの組織内でリスク分析を行った上で設定される〕を組み合わせて判断した結果です」といった具合だ。さらなる説明を求めることもできる。「単に応募数に上限を設けるか、申請を処理する担当者を増やせばいいのでは？　ソーシャルメディアのデータに関連性があるかもしれない、などという賭けに出たのはなぜか？」などのように。

その一方で、「マシンによる説明」というものがある。これは少し奇妙な存在だ。上記の8番目の説明に関連するもので、私たちが求めているのは、モデルがどうやってインプットからアウトプットを導き出したのかという説明である。これについて、念頭に置いておかなければならない質問が2つある。

- インプットをアウトプットに変換するルールはどのようなものか？
  - インプットに使用する大量のデータがあるとする。MLモデルはそのデータを取り込み、データの中に存在しているさまざまなパターンに気づいて、アウトプットを行う。たとえば、あなたの愛犬ペペがどのような外見をしているか、1000枚の画像を使ってMLを学習させたとしよう。MLはそれぞれの画像をピクセル単位で分析し、たとえば373番のピクセルがどうなっているか、そのピクセルと他のピクセル（そして他の何千ものピクセル）の間にどのような位置関係があるかを分析し、あなたの犬がどのように見えるか学習した。たとえば犬が座っている画像では、このピクセルが他のピクセルに対してこういう関係になる、あるいは立っている画像では、別のピクセルが他のピクセルに対してこういう関係になる、といった具合である。つまり「ピクセルがこういうふうになっているとき、それはペペの画像であり、そうでなければ、ペペの画像ではない」という大まかな「ルール」を学習するのである。マシンによるこの種の説明を、「グローバル説明」と呼ぶ。

- これらのインプットを与えた場合に、なぜこのようなアウトプットが得られたのか？
  - なぜ固有のプロファイルを持つあなたは、住宅ローンの申し込みを却下されたのか？　転職を繰り返していたからだろうか？　5年前に無謀運転という軽犯罪で起訴されていたのが悪かったのか？　クレジットカードを使い過ぎたから？　ある男性のSNSに大量のコメントを書き込んだことが原因か？　この種の質問に対するマシンによる説明は、「ローカル説明」と呼ばれる。

MLは複雑なパターンを認識してくれる。実際、人間の理解を超えるほど複雑なパターンでも処理できる。たとえばあなたは、画像に含まれるピクセルの数と、それらが他のピクセルとどのような数学的関係にあるのかを理解して、ある画像を「これはペペ」もしくは「ペペじゃない」と判断できる法則を見つけることができるだろうか？　あるいは特定の画像をMLが「これはペペ」と判断した理由を理解することは？　そんなのは無理、の一言だ。

これが人間による説明と、マシンによる説明の違いである。私たちは人間による意思決定について、私たちが理解できる言葉で説明する。私たちは、その説明で明確にされた関係性を把握できる。ローンの申し込みが殺到したら、その問題に対して、自動化を含むさまざまな解決策が検討されるようになることを理解できるわけだ。しかしマシンによる説明はというと、それは私たちにとって極めて複雑なものである。そこに登場する変数の数と、それらの間に存在する関係性の数の両方が、人間の貧弱な頭脳を混乱させる。たとえ、この複雑さを表す数学的言語を概ね理解できたとしても、である。

人が説明可能なAIを求めるとき、彼らは何を求めているのか、これで理解できただろう。それは人間による説明か、マシンによる説明か、あるいはその両方である。そして人がマシンによる説明を求めるとき、彼らはグローバル説明、ローカル説明、あるいはその両方を求めている。

いっそのこと、すべての説明を常に行うのがよいのではないかと思うかもしれない。しかしマシンによる説明を手にするには、それなりのコストがかかり、他にリソースを割きたいこともあるだろう。最も重要なのは、説明可能なモデルという目標を達成するためには、精度の低下という代償を払わなければならないことが多いという点である。なぜそうなるのかというと、簡単に言ってしまえば、まさにMLの精度を上げるための特徴が、私たちの理解度を下げるからだ。その特徴とは、MLが理解するパターンの複雑さである。他の条件を同じにした場合、データが多ければ多いほど、MLはより多くの（複雑な）パターンを認識できるようになり、その結果、精度が向上する。別の言い方をすれば、他の条件が同じであれば、学習する例が多ければ多いほど良いということである。しかしMLがより多くのデータとより多くの（複雑な）パターンを見つければ見つけるほど、何が起きているのかを理解できる可能性は低くなる。説明可能性を向上させれば、精度は低下する。その逆もしかりだ[(1)]。

このことは、私たちに新たな「コンテンツからストラクチャーを導く教訓」を示している。

コンテンツからストラクチャーを導く教訓5

特定のユースケースにおいて、人間による説明、マシンによるグローバル説明、マシンによるローカル説明のどれが重要なのか、もしくはそのすべてが重要となるかの判断をする、適切な人物が必要。

そうした人物が（どの説明がいつ重要となるかをどう判断するか）検討する上で参照すべきことは、そもそもなぜ説明が重要なのかということに左右される。

説明の重要性

あなたは結婚している。自分で思う限り、妻との関係はそれなりに上手くいっているようだ。DVはなく、笑いがあり、親密な時間も少なくない。しかしある日、あなたが目を覚ますと、配偶者が荷物をまとめて出ていこうとしている光景が目に入ってきた。

「何してるの？」とあなたは尋ねる。
「別れましょう。ペペは連れていくから」
「どうして？」とあなた。
「別に」と彼女は答え、犬を従えてドアから出ていく。

あなたは怒り出す。何しろ、住宅ローン申請を却下した銀行を訴えて勝訴し、夢のマイホームに引っ越したばかりなのだから。しかしその広い室内は、あなたの孤独を嘲笑うかのようだ。

深夜3時、カリフォルニアキングサイズのベッドの上で横になるあなたの頭に、「どうして？」、「どうして彼女は自分を捨てたんだ？」という疑問が何度も浮かぶ。この疑問への答えを求めるのには、少なくとも3つの理由がある。

第1に、何の説明もないというのは失礼だ。あなたは投げ捨ててしまっていいような物ではない。あなたは価値のある人間であり、その価値を示すものとして、説明を受ける権利がある。説明を拒否して立ち去るのは、傷口に塩を塗るような行為だ。

第2に、もし説明があれば、それに対して何か手を打てるだろう。彼女が出ていく理由は、あなたが自分に関心を持っていないと感じたからではないか？　それならば、家に帰ったら携帯電話の電源をオフにすると約束したら、彼女の気が変わるかもしれない。それともロマンティックな雰囲気が足りなかったのか？　それならば、もっとロマンティックになれるように頑張ることができる。ロマンスについてアドバイスしてくれる人はいるだろうか？　ググってみよう。それとも住宅ローンを払うのに手いっぱいで、苦しい暮らしをさせていたからだろうか？　それならばいっそ家を売ってしまって……ちくしょう、どうせあの銀行は最悪だったし、不履行にしてマーヴィンが正しかったことを証明してやろうか。それで彼女と一緒にコスタリカへ逃げることだってできる。

第3に、共同生活していく上での一般的なルールを知り、そのルールが対応可能なものかを考えたい。自分に何が期待されているのか？　仮に今日、何かひとつ解決できても、明日には別の問題が起きるのだろうか？「ここではどのようなルールに従わないといけないんだ？　私の母についてできることは何もないから、もしそれが関係しているとしたら、本当に不公平だ。あるいは母のせいではないのかもしれない……けっきょく『育ってきた環境が違う』って言ってたのはこのことなのだろうか。最初からずっと『私は白人だけどあなたは黒人』という関係性があったのか？」

これら3種類の懸念は、MLのアウトプットにおいても起きる可能性がある。融資や面接を受けられる人を判断したり、表示する広告を決めたり、マッチングアプリで誰にどのユーザーを紹介するかを決めたりするMLがあったとしたら、あなたはその決定の裏側にある説明を求めるだろう。それは敬意を示すものだからであり、決定を変えたいと思ったら何ができるかを考えるのに役立つからであり、また押し付けられたルールがそもそも公平なものかどうかを判断したいと思うからである。融資を断られたのは、自分が黒人だったからなのだろうか？

しかし、説明可能性の重要性を示すこれら3つの理由は、私たちに明白な指針を与えてくれるわけではない。忘れてはならない――説明可能な ML を実現するにはコストがかかる。説明可能性の重要性と、精度のような他に考慮すべき事項、そして説明可能性の実現に割くことのできる（あるいは足りない）リソースとの間でバランスを取る必要があるのだ。場合によっては、マシンによる説明は必要ないという判断をするかもしれない。またマシンによる説明は「必要」ではなく「あればよい」程度だと考えるかもしれない。一方で、それが必要不可欠な場合もある。

このような判断と同様に、それぞれのユースケースにおいて説明可能性がどのていど重要かを判断するための単純なディシジョンツリーは存在しない。しかしその重要性が分かっていれば、どのように検討すればいいのかを理解できる。次に、マシンの説明可能性が問題になる場合と問題にならない場合を、それぞれいくつか示して解説しよう。これらは厳密なルールではなく、経験則であることがお分かりいただけるだろう。

マシンの説明可能性が問題にならない場合

人がどう扱われるべきかについての決定を、開発したモデルが直接的に行わない場合

玩具の工場に出荷するネジの納期を予測するために、ML を活用するというケースを考えてみよう。この場合はおそらく、それほど大きな倫理的リスクはないだろう。予測するのは人間に関する事柄ではなく納期であり、またその予測が間接的に誰かの扱いを悪くすることにつながったとしても（遅延があった場合に誰かが非難されるなど）、サプライチェーンに関する予測は、倫理的リスクを本質的に抱えるものではない。ここで気にすべきは精度であり、マシンの説明可能性を優先させる必要はないと、合理的に判断できる。ここで説明可能性が重要だと考えられるケースは、たとえば「説明可能なモ

デルはデバッグしやすい」といったような、倫理面以外での理由によるものだろう。

ブラックボックスを使う理由についての人間による説明＋インフォームドコンセントで、使用が正当化される場合

株式市場の予測は、倫理的リスクを抱えている。そうした予測は投資家やフィナンシャルアドバイザーに投資を勧め、結果的に人々を破産させる可能性があるためだ。とはいえ、こんな風に考えられるかもしれない。「ここではモデルの精度が最も重要なのに、説明可能にしたら精度を下げなければならなくなり、モデルの価値がなくなる。また私たちは、助言を受ける人々に対して、すべての『人間による説明』について、また『マシンによる説明』がないということについて、透明性を保つことができる。その上で、彼ら自身でリスクを負うかどうかを決断できる。もしブラックボックスを使用することについて、こうしたインフォームドコンセント（説明の上での合意）が得られれば、私たちは彼らに敬意を持って接し、そしてその結果は良くても悪くても彼ら自身で負うことになる」

また99.9パーセントの精度でがんを診断するMLを考えてみよう。これは、医師が毎年何万、何十万もの命を救う上で、最良の説明可能なモデル（MLを使用しないがん診断法）よりも重要な役割を果たしている。この場合、倫理的に見て、人間による説明に加え、マシンによる説明も提供する必要があるだろうか？　あなたががんの検診を受けるとしたら、非常に正確なブラックボックスMLと、あまり正確でない透明性の高いMLのどちらを選ぶだろうか？　医師が人間による説明を行い、ブラックボックスの使用についてインフォームドコンセントを得られれば、それを使用することは倫理的に許されるだろう。

ここからひとつの教訓が得られる。ブラックボックスのモデルを信頼するのは、それが適切なベンチマークに対して良好なパフォーマンスを示してい

る場合、合理的な判断となり得るということだ。特定の状況においては、ブラックボックスのモデルの方が、人間よりも信頼できるという場合もあるだろう。しかし注意が必要だ。インフォームドコンセントを組み合わせた人間による説明がブラックボックスを正当化する場合もあるが、それだけでは十分ではない場合もある。たとえばブラックボックスのMLが再犯の可能性を極めて正確に予測したとしても、そして判断される個人が、人間ではなくMLに判断されることにインフォームドコンセントを与えたとしても、政府はその使用を禁止する正当な理由を見出すかもしれない。なぜなら国家は手続き的公正を守ること（つまり誰かが有罪か無罪か、保釈を許可するかしないか、などを判断するプロセスが公正に行われるのを保証すること）に関心があり、インプットがどのようにアウトプットに変換されるかを理解できないのは、まさに手続きが公正なものかどうかを判断できないことを意味し、容認できないからである。

マシンの説明可能性が問題になる場合

敬意を示すことが倫理的に求められる場合

医療の分野では、人に敬意を示すことが求められる。何らかの処置が行われる前に、インフォームドコンセントの機会が確保されるのは、その実践の一環である。他のケースでは、人に敬意を示すのは素晴らしいことだが、倫理的に求められているわけではない。講演後に講演者の元へ向かい、彼らやその仕事を尊敬していると伝えるのは敬意を示す行為だが、倫理的に要求されているわけではないことは間違いない。そうしなくても誰にも非難されないだろう。しかしインフォームドコンセントなしに脾臓を摘出したら、非難は避けられない。

敬意を示すという観点から、マシンのアウトプットに対する説明が求められる場合が確実に存在する。マシンが住宅ローンの申請を「審査」した後で、

「却下」などという紙を吐き出したとしたら、侮辱されたと感じても当然だ。仮釈放や昇給を拒否された場合も同じことが言える。特に何らかの損害を被った場合などは、その決定について説明を受けてしかるべきだと感じるだろう。ここで核心的な問いとなるのは、「MLのアウトプット、あるいはそのアウトプットを基に下される人間による決定が、人々を不当に扱ったり、彼らから重要な機会や利益（面接など）を奪ったりする可能性があるか？」ということだ。答えがイエスなら、それは説明を提供する必要がかなりありそうだということを示す兆候である。

より良い結果を得るための方法を人々が知る必要がある場合

マシンによる説明は、敬意を示すというだけでなく、それをさまざまな形で活用できるようにするという観点からも重要だ。繰り返しになるが、もしアウトプットやそれに基づく決定が人々を不当に扱ったり、彼らから機会を奪ったりするような場合、彼らになぜそのような決定が下されたのかを説明することが重要になる。それは彼らが次の機会に、違う決定が得られるような変化を起こせるようにするためだ。たとえば支払期限切れの駐車違反の罰金を支払うことよりも、ローンの返済を優先させたことが、ローン申請を却下された理由だとしたら、申請者は前者を優先させるようになるだろう。

どのように考え、決断を下すべきかについて、人々が知る必要がある場合

不正行為に対処する部門がAIを利用して不正を検知し、フラグを立て、警報を鳴らすかどうかの最終決定を下す人にその情報を伝えるという場面を想像してほしい。AIがどのようにフラグを立てているのかを彼らが理解し、何に注意すべきかが分かれば、効率的に仕事をすることができるだろう。

アウトプットがおかしい場合

MLが出す予測は、人間にとっては全く予測不可能なものだ。たとえば非

常に精度の高いがん診断MLが、人間の中で最高のがん専門医が下したものと一致しない診断を出したとしよう。MLはあなたががんである確率は93パーセントであると判断したが、世界的に有名な医師はその裏付けを見出せない。ここには人間による説明はあるがマシンによる説明はなく、そしてMLが正確であることは分かっているが、この診断はあまりに奇妙だ。

この場合、2つの選択肢がある。人間の専門家による判断を優先してMLの診断を退けるか、MLに従うかだ。専門家が専門家たるゆえんは、彼らには豊富な知識や経験、スキルがあり、そのため信頼を得ている（特に専門家の間でコンセンサスが存在している場合）からである。またMLは時として、変数間にまったく偶然に発生した、したがって予測不可能な相関関係を認識してしまう場合がある。そしてMLはその変数を用いて、誤診してしまうのだ。一方で人間の専門家も全知全能ではなく、人間が見落とした、あるいはそもそも発見できないような予測パターンをモデルが認識する可能性は常にある(2)。MLがどうやってがんの診断を下すのか、その理由を説明できれば、私たちもより良い診断ができるようになるかもしれない。

残念ながら、それも単純な話ではない。たとえばがん診断MLが、SNSへの投稿頻度の低下とがんの間に相関があることに気づいたとしよう。それは奇妙な話だが、何らかのストーリーを考えられるかもしれない。がんは全身に悪影響を及ぼし、それがエネルギーレベルに影響を及ぼし、それが投稿頻度に影響を及ぼす、といった具合だ。それでは「ソーシャルメディアへの投稿の減少」は、マシンが把握した予測変数であって、人間では把握できなかったのだろうか？　それともこれを変数として使うのはまったくのナンセンスで、それを予測変数としたMLを欠陥品と見なすべきなのだろうか？

データサイエンティストはよく、変数間の相関だけでなく、因果関係のあるパターンを検出するMLが必要だと主張する。しかしこの反論には無理がある。因果関係は極めて複雑なものであり、関係という鎖に存在する連鎖の数が多すぎて、私たち人間には把握できないからだ。先ほどのがんとエネルギーレベルというストーリーは、結局のところ、因果関係の話である。しかしこの因果関係の話は本当なのだろうか？　相関関係の話ではなく因果関係の話であっても、それが本当かどうかを知ることはできない。

人々がそのアウトプットで何をするのかによって、説明する必要があるかどうかや、その説明をどのようにして明確にするかが決まってくる。とはいえ、説明は必ずしも人々が望むほど啓発的ではないかもしれない。あるいは予測性があるとMLが主張するパターンに、どう反応すればいいか分からないかもしれない。そのような場合、人間の意思決定にマシンのアウトプットを利用する際のリスクテイクに関して、人間による説明とインフォームドコンセントを優先させなければならないかもしれない。

行動の正当化が必要な場合

マーヴィンにローン申請を却下された話に戻ろう。その意思決定について、個人やチーム、あるいは組織全体の判断は正当だったことを、説明によって示せる場合がある。「申し込みが殺到した上に、担当者を増やす余裕がなく、たとえ増やせたとしても教育にかける時間がありませんでした。しかし、私たちのビジネスモデルと、公正さに対する配慮から、ローン申請者を窓口で追い返すわけにもいかなかったのです」といった具合だ。あるいは正当な理由がないことが、説明によって露呈してしまう場合もある。もしこのAIの導入を決定した経営幹部が、「技術的なことは私には分からないので、このモデルの導入を承認すべきかどうか迷ったが、『どうでもいいか、こいつらは賢いし、やらせてみよう』と思った」などと言ったとしたら、私たちはこの幹部の判断が不当であると考えるだろう。実際、この行為は無謀とも言える。

ある種の行動が倫理や規制、法律の観点から正当化されるかどうかを評価したいとき、説明は極めて重要だ。マシンによる説明に関して言えば、私たちはここで、2種類のマシンによる説明に関連する質問をする必要がある。

1. グローバル説明に関して：MLのルール（インプットをアウトプットへと変えるもの）は正当化できるか？
   - ソーシャルメディアのデータを使ってMLをトレーニングしたところ、過去のデータから見て、「ローンを滞納した人」と「ローンを滞納したことのある親を持つ人」の間に相関関係がある、と学習したとしよう。したがってこのMLは、「親がローンを滞納したことがある」という情報を、ローン申請者が滞納する可能性を予測する際の計算の一部として使用する。親がローンを滞納したという事実は、その子供にローンを認めるべきかどうかの判断材料になるのだろうか？　仮にその間に高い相関関係があったとしても、判断材料に使うのは極めて不公平なことのように思える。実際それは、貧困の世代間連鎖や、それに関連した構造的な人種差別を定着させ、強化する極めて有効な方法になりかねない。

2. ローカル説明に関して：特定の人物に関する特定のアウトプットは正当化されるか？
   - 議論のために、ここで親のローン履歴を使うことが、ローンを認めるかどうかを決める上で正当化されると仮定しよう。しかし結果的に、ソーシャルメディアのデータは誤解を招くものであることが判明した。あなたと同じ苗字の人物が複数登録されていたために、ローンを滞納している人があなたの親だと見なされてしまったのだ（実際には、あなたの親はローンを返済していたのに）。その結果、不正確なデータのために、不当な判断をされてしまったのである。

グローバル説明でもローカル説明でも、正当化され得るのかという疑問に答えるのは難しい。そして重要なのは、特定の変数がアウトプットにどのような影響を与えたかを説明するのに役立つ技術的なツールはあっても、ルールの正当性を評価する技術的ツールはないという点だ。あるルールが正当化されるかどうかは、データサイエンティストが関わる疑問ではない。それは倫理学者、規制当局、弁護士、そして最終的には、自分たちが参加を要求、あるいは強いられているゲームが納得のいくルールで進められているかどうかを懸念するすべての人々に関係する疑問なのだ。このことから、新たな「コンテンツからストラクチャーを導く教訓」が導き出される。

コンテンツからストラクチャーを導く教訓6

グローバル説明（どのようにインプットがアウトプットに変換されるかというゲームのルールを明確にする説明）を行うことが重要な場合、ルールの公正さを評価するために、倫理的・法的な専門知識を持つ人たちが関与する必要がある。

良い説明の条件

ある特定のユースケースについて、マシンによる説明が必要だと判断したとしても、それで仕事は終わりではない。マシンによる説明が重要となるすべてのケースについて、どのような説明が有用で、どのようにその説明を伝えるかを決定する必要がある。言い換えれば、良い（マシンによる）説明の条件とは何だろうか？

良い説明とは第一に、説明を重要なものにする、いくつかの要素について触れているものだ。良い説明は、敬意を十分に示し、AIのユーザーやAIの影響を受ける人々が十分な情報を得た上で意思決定できるようにし、意思決定に関するルールが公正か、正しいか、合理的か、あるいは正当かどうかを人々が評価できるようにする。また良い説明をするためには、真実性、使いやすさ、通じやすさの３つの基準を考慮する必要がある。

真実性

１つの明白な基準は、説明が真実であること、あるいは少なくとも十分な真実性を持つことである。ブラックボックスの中で起きていることを説明してくれる技術的ツールもあるが、それは起きていることの近似値に過ぎない。それで問題ない場合もある。たとえばそうしたツールをモデルのデバッグを行うために使用している場合、デバッグを成功させるのに必要な情報が近似値から十分に得られる。その他のケース、特にリスクの高いケース（たとえば刑事司法に関するシステム）においては、近似値以上のものが必要となる。

他にも多くの質問に答えなければならない。真実である記述をどのていど提供する必要があるか？　正当な理由で除外できる真の記述はあるか？　説明はどのていど正確でなければならないか？　これらの質問に答えるためには、定性的な評価が必要だ。説明から正当に除外できる情報があるかどうかは、それが敬意を示し、エンドユーザーがより良い判断を下したり、ルールが公正であるかどうかを評価したりするために必要なものか、あれば嬉しいという程度のものなのかによって決まる。

使用における容易さ、効率、有用性

ある従業員がいて、MLが「不正の疑いあり」というフラグを立てたケースを精査する仕事をしているとしよう。この人物はフラグが真なのか、それとも偽陽性なのかを判断するために、説明を必要とする。どこから確認を始めるべきか知る必要があるのだ。その説明は有用でなければならないので、どの程度「深い」ものにすべきかを考えなければならない。深すぎると、MLの精度が過度に下がってしまうだけでなく、その説明を受ける相手を混乱させ、各ケースについて20ページもの文章を読まなければならなくなってしまうだろう。そうなれば、たとえ不正が確認される可能性のあるケースであっても、読む時間がなくなってしまう。しかし浅すぎると、精度の低下を抑えられるが、ユーザーの役には立たない。では何が「使える」、つまり「良い」説明と言えるのだろうか？　エンドユーザーがどんな情報をどれだけ必要としているかを理解するために、彼らを交えて取り組む必要がある。何が「良い説明」と言えるかは、その人のタスクによって決まるためだ。

私はそれを間近で見たことがある。あるクライアントと一緒に働いたのだが、彼らが企業の人事担当者向けに、従業員の電子メールに不適切な内容がないか監視するAIを開発しようとしたときだ。プライバシー侵害や監視、偏見という懸念が伴うため、大きな倫理的リスクが伴うだけでなく、AIのアウトプットが説明可能かという問題もあった。私は開発されるAI製品の倫理的リスクを特定するために雇われ、エンジニア、データサイエンティスト、開発者とともに、製品を展開する（あるいはしない）際に必要な修正や推奨事項を検討した。

このAIの中核は、感情分析ツールだった。メールを「読み」、そこに現れている尊敬の念や寛容さ、親しみ、攻撃性など、何十もの感情や態度を点数化するのである。

説明可能性については、2つの課題があった。このソフトの購入を決める経営者は、どのような説明を必要としているのだろうか？　一般的には、経営者はゲームのルールが公正かつ正確であることを確認したいと考えている。彼らにはグローバル説明が必要だ。一方、この製品を実際に使うことになる人事部のマネージャーは、ローカル説明を必要としている。彼らは「なぜこのメールにフラグが立ったのか」を知る必要があるのだ。

実は、この内容は部分的に正しい。経営陣は公平性と有効性を確保するために、ゲームのルールの説明を必要とする。一方、人事部のマネージャーは、なぜフラグが立てられたのかを知る必要はないかもしれない。結局のところ彼らの仕事は、フラグが立ったメールを読み、その文脈を理解して、何らかの対応を行うかどうか判断することなのである。

ここで私が行ったアドバイス（他にもプライバシーやバイアスに関する問題があったが、少なくとも説明可能性に関するもの）は、次の2点だ。

1. このソフトウェアのターゲットユーザーである人事担当者にインタビューを行い、説明が必要だとすれば、それはどのようなものか、またその理由は何なのかを確認する。
2. 製品が導入される際、人事担当者に対し、この製品を使用する上での倫理面でのベストプラクティスについて十分な情報を与える。たとえば、メールが送られた背景を理解する責任や、単にAIのアウトプットだけに基づいて、従業員に報いたり罰を与えたりすることのないようにする責任についてである。

通じやすさ

どのような説明を提供する必要があるのか（ゲームのルールに関する説明なのか、なぜ特定のインプットが特定のアウトプットにつながったのかなど）、そして人々にとって説明を受けることがどれほど重要なのかがわかったら、その説明をどのように表現するのかも考える必要がある。もし私があなたを不当に扱い、その理由を説明する必要があるとして、説明を古代ギリシア語で行ったとしたら（あなたがそれを理解できないと仮定させてほしい）、説明したといっても実質的にはしていないと言える。結局のところ、一般的には、誰かに何かを説明する際の目標とは、説明した内容を理解してもらうことである。つまりあなたが提供するマシンによる説明は、対象とする相手に合わせて調整されなければならない。データサイエンティストは数式という言語を使って話すが、それは通常、一般人や規制当局にとって理解できないものだ。そしてデータサイエンティストが使用する、説明可能性に関する既存のツールによる説明は、説明を受ける者にとっては見当違いなものになるおそれがある。繰り返しになるが、良い説明の基準は状況によって異なる。説明の相手が何を理解できるかによって変わるのだ。

使いやすく、相手が理解しやすい真の説明をする必要性から、新たな「コンテンツからストラクチャーを導く教訓」が導き出される。

コンテンツからストラクチャーを導く教訓7

開発中のAIのエンドユーザーとなる人々に意見を聞き、説明が必要かどうかを確認するとともに、必要であれば、良い説明とはどのようなものかを、彼らの知識レベルやスキル、目的を基に判断する。

では、インプットはどこから来たのか？

ここまで、差別的なアウトプットについて、またそうしたアウトプットの前に起きることの不透明性について話してきた。それでは次に、適切ではない形で入手されたおそれのあるインプットについて、またさらに広く、AIをトレーニングしたり、そもそもどんなAIを作るかを選択したりする際に、どうやって人々のプライバシー侵害を回避するかについて考えてみよう。

まとめ

● 説明可能性に関連する「コンテンツからストラクチャーを導く教訓」は3つある。これらは、「コンテンツ」を理解することによって得られる、「ストラクチャー」へのアプローチ法を教えてくれるものだ。

1. 特定のユースケースにおいて、人間による説明、マシンによるグローバル説明、マシンによるローカル説明のいずれか、もしくはその

情報セキュリティの敗北史

脆弱性はどこから来たのか

試し読み▶ 

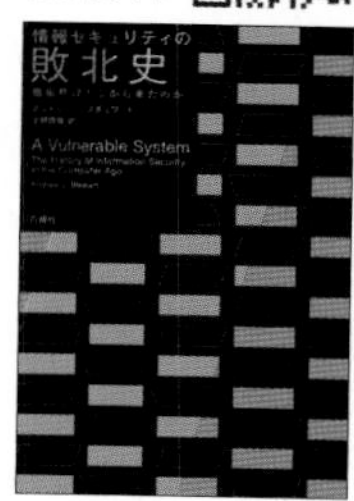

ITが急速な発展を続ける一方で、「情報」を取り巻く状況は日に日に悪化している。数々のセキュリティ対策もむなしく、サイバー攻撃による被害は増え続けている。今日の情報セキュリティが抱える致命的な〈脆弱性〉は、どこから来たのか？　コンピュータの誕生前夜から現代のハッキング戦争まで、半世紀以上にわたるサイバー空間の攻防を描いた、情報セキュリティ史の決定版。

アンドリュー・スチュワート 著　小林啓倫 訳
3300円（税10%込）

イギリス花粉学者の科学捜査ファイル

自然が明かす犯罪の真相

試し読み▶

「パット・ウィルトシャーさんですか?」さまざまな経験を積み、五十代になった花粉学者にかかってきた一本の電話が、彼女の人生を変えた。警察の捜査に協力するなかで、花粉や胞子、菌類、微生物、土など自然の痕跡を利用して事件解決に導く「法生態学」を編み出していく。数々の難事件の真相究明に貢献した法生態学のパイオニアが語る、波瀾万丈の人生と科学捜査の奥深い世界。

パトリシア・ウィルトシャー 著　西田美緒子 訳
2640円（税10%込）

〒101-0062 東京都千代田区神田駿河台 1-7-7 ☎ 03-5281-9772

脳のなかの天使と刺客
心の健康を支配する免疫細胞

試し読み▶ 

ドナ・ジャクソン・ナカザワ 著　夏野徹也 訳
2970 円（税 10%込）

うつ病も、不安障害も、アルツハイマー病も、《ミクログリアの過活動》が原因だった

脳を守り、破壊もするミクログリア細胞——その働きを制御すれば、精神疾患の治癒、認知症の予防は夢物語ではない。2010 年代初めに脳の免疫細胞とリンパ管が発見されたことでもたらされた医療革命を、研究と治療の現場から描く科学ノンフィクション。

ヒトは〈家畜化〉して進化した
私たちはなぜ寛容で残酷な生き物になったのか

試し読み▶ 

ブライアン・ヘア&V・ウッズ 著　藤原多伽夫 訳
3300 円（税 10%込）

他の人類はすべて絶滅したのに、なぜヒトは生きのびて繁栄することができたのか？　仲間を助ける優しいヒトが、なぜ残虐な戦争を引き起こすのか？　すべての謎を解くカギは「自己家畜化」にある。イヌやボノボ、チンパンジーからヒトに至るまで、数々の研究をおこなってきた気鋭の進化人類学者が、自己家畜化仮説を軸に、ヒトの進化と本性の深奥に斬り込む。

今回の注目書

「欲しい!」はこうしてつくられる

脳科学者とマーケターが教える「買い物」の心理

マット・ジョンソン&プリンス・ギューマン 著
花塚 恵 訳
2750円(税10%込)

試し読み▶

消費者を「欲しい!」へ導く企業の〝奥の手〟を種明かし

帯の文句に惹かれた。昔から知りたいと

のほうが、背景が濃い色の場合より濃く見える。これと同様の仕組みを多くの企業がマーケティングに用いている。有名な「ティファニーブルー」はこの手法が成功した例だ。女性らしさの象徴とされるピンク色の商品群の中で、あえてブルーを打ち出すことで強いイメージを植え付けた。テレビ番組中の音声より、番組の隙間に流れるCMのほうが音量が大きいのも同じ狙いがあるという。

買いたい衝動を抑制させない巧みな戦略

本書にはこうした事例がこれでもかというほど紹介されている。面白かったのは、脳科学で衝動に耐える力を表す尺度「Kフ

お買い上げ、まことにありがとうございます

生命進化の過程で〈意識〉はいつ生まれたのか？
私たちの〈心〉はどのようにして形づくられるのか？
〈機械〉に意識を宿らせることは可能なのか？

すべてが重要になるかどうかを判断する、適切な人物が必要。

2. グローバル説明（どのようにインプットがアウトプットに変換されるかというゲームのルールを明確にする説明）を行うことが重要な場合、ルールの公正さを評価する際には、倫理的・法的な専門知識を持つ人たちが関与する必要がある。
3. 開発中のAIのエンドユーザーとなる人々に意見を聞き、説明が必要かどうかを確認するとともに、必要であれば、良い説明とはどのようなものかを、彼らの知識レベルやスキル、目的を基に判断する。

- MLのアウトプットと、そのアウトプットによって人々がどのような影響を受けるかについての説明には、次の2つの種類がある。
  - 人間による説明。これはモデルを開発・導入する際に人々が下す決定や、アウトプットを使って何をするのか、なぜするのかなどについての説明である。
  - マシンによる説明。これはインプットがアウトプットに至るまでに起きていることについての説明である。マシンによる説明の一種である「グローバル説明」は、システムを支配するルールに関するもので、システムがどのようにインプットを扱いアウトプットを導き出すかについて説明する。そしてもう一種の「ローカル説明」は、ある特定のインプットから特定のアウトプットがどのように導き出されるのかを説明する。

- マシンによる説明の説明可能性を実現するには、コストが伴なうことが多い。たとえば精度の低下や、説明可能なモデルを作るのに要するリソースの増加などである。

- 説明（マシンによる説明を含む）は、（元来それが重要な場合でも）少なくとも次の3つの理由から倫理的にも重要である。

- 説明を行う相手への敬意を示す。
- 説明により、その相手が行動を変えたり、さまざまな判断を行ったりすることが可能になり、将来どのような決定を受けるかをある程度コントロールできるようになる。
- 説明により、インプットをアウトプットに変換するルールが、倫理、評判、規制、法律の観点から正当化できるものかどうかを、人々が評価することが可能になる。

● 組織は個々のユースケースについて、説明可能性が重要かどうかを判断し、重要であれば、それが他の目標（精度など）との兼ね合いの中でどのていど重要かを考える必要がある。その際、次のようないくつかの経験則がある。

- 次の場合、マシンによる説明は必要ない。
    - 「人々がどう扱われるべきか」についての決定と直接関係するモデルではない。
    - 「なぜブラックボックスのモデルを使うか」についての人間による説明と、インフォームドコンセントを組み合わせることで、AI利用が倫理的に許容される。
- 次の場合、マシンによる説明が必要になる。
    - 敬意を示すことが倫理的に求められる。
    - どうすればより良い結果が得られるのかを、人々が知る必要がある。
    - どのように考え、決断を下すべきかを、人々が知る必要がある。
    - アウトプットがおかしい。
    - 実行したことを正当化する必要がある（倫理、規制、あるいは法律の観点から）。

- 良い説明の条件として、次のようなものが挙げられる。
  - 真実である（あるいは当該事案について十分な真実性があること）。
  - 意図した目的において、容易で、効率的で、有用である。
  - 意図した相手に通じる。

- 説明について取り組み始めると、すぐに意思決定や行動、プロセスなどの正当性に関する疑問が湧いてくる。組織は、データサイエンティストやエンジニアがそうしたトピックの専門家ではないことを念頭に置き、これらの評価を行うのにふさわしい人物を見極める必要がある。

第４章
プライバシー　５つの倫理的レベル

新型コロナウイルス対策が施されたオフィスビルに移ったと想像してほしい。このビルは円筒形で、オフィスは円の縁に沿って配置されている。オフィスの内側にある壁はガラス張りで、円筒の中央部に位置する不透明な構造物（1階から最上階にまで達している）に面している。この構造物の中には、少なくとも１人の監督官がいて、ガラス壁を通して人々の行動を監視している。ビルのデザイン上、誰が自分を見ているのか分からず、さらに誰かが自分を見ているのかどうかさえも分からないが、彼らからは自分が見えている。

監督官には3つの責任と、1つの大きな目標がある。

責任その1は、監視を通じて、あなたについてさまざまな情報を得ることである。いつランチを取ったのか、何を食べたのか、誰と会話したかといった具合だ。

責任その2は、得られた情報から、あなたに関する他の事実を推定することである。すぐに辞めてしまわないか、来年妊娠する可能性はどの程度あるか、新しいカフェテリアのメニューに興味を持つかといった具合だ。

責任その3は、得られた情報を基に新しいツールをつくり、それを使ってさらなる情報を収集して、新たな予測や発明を果てしなく続けていくことである。

そして彼らの大きな目標とは、これらの情報とツールを用いて、あなたに関するさまざまな決定を下したり、アドバイスを行ったりすることである。昇給や昇進をさせるべきか、ボーナスを出すべきか、カフェテリアでどんなメニューを提供すべきか、新しくオフィスにできたジムを宣伝するメールをどのくらい送るべきか、同僚との会話が攻撃的になり過ぎていないか、メンタルヘルスの専門家は必要かどうかといった具合だ。

あなたはおそらく、これらに不快感を覚えるだろう。これはプライバシーの侵害であり、監督官は私のことを本当に気にかけているわけではない（彼らが行うアドバイスはおそらく、あなたの健康や幸福がどうなるかには関係なく、あなたから最大の価値を引き出すために生産性を高めることを主眼として考えられたものになるだろう）、そして私の自律性（他人から不当な影響を受けずに自由に行動できる状態）を侵害している、と思うかもしれない。

既にお分かりだろうが、ここで挙げられた懸念は、まさにプライバシーと機械学習（ML）という文脈の中で生じるものである。

MLの核となるのはデータであり、データが多ければ多いほど、モデルをトレーニングする側にとっては都合が良い。つまりあなたから利益を得ようとする企業は、あなたやあなたの行動についてできるだけ多くのデータを収集することに、強い動機を持つというわけだ。実際に企業は、集めたデータを何に使うのか、あるいは使うかどうかさえもはっきりしないまま、人々のデータを収集している。彼らは「将来的にこのデータから何らかの価値を引き出せるかもしれない」と考えてデータを集めるのである。その価値は、自分たちがデータを利用して直接生み出す必要すらない。そのデータを利用できると考える他の誰かに売ることから生まれる場合もある。

自分に関するどのようなデータが収集され、誰がそれにアクセスできるのかが分からないというのは、その時点で既に厄介な状況だと言える。場合によっては、あなたの位置情報、金銭の取引、医療の履歴が、あなたがそれを見せたくなかった相手（たとえば元配偶者）に知られることになり、プライバシーが侵害されるおそれがある。

これらのデータはすべて、MLモデルのトレーニングに使用される。そのモデルはあなたに関する予測を行い、その結果、企業があなたをどのように扱うかに影響を与えることになる。あなたのソーシャルメディアのデータは、住宅ローンを借りられるかどうかを判断するモデルをトレーニングするために使われるかもしれない。どのニュース記事を検索結果の上位に載せるか、次にどのユーチューブ動画をお勧めするか、どの求人・住宅・飲食店広告を表示するか、などを決定するモデルに使われるかもしれない。あなたの生活が、メニューから選択肢を選ぶことから成り立っていて、そうしたメニューのほとんどがオンライン上にある場合、あなたは彼らが——人々のデータを収集・販売しながら、それを利用してAIをトレーニングし、人々が何をクリックし、シェアし、購入するかについて正確な予測を行う無数の集合体が——あなたのために選んだ選択肢の中から選択を行うようになるだろう。

MLのようなツールを活用して、特定のウェブサイトに留まってもらい、クリックしてもらうように取り組むことを、「アテンション・エコノミー（関心経済）」と呼ぶことがある。人々が何に関心を寄せるかをコントロールできればできるほど、企業は成功することになる。さらにAIの開発に関係するデータ収集活動を、「サーベイランス・エコノミー（監視経済）」と呼ぶことがある。企業があなたについて知れば知るほど、彼らはあなたにより影響を与えられるようになる。実は、どちらの経済も同じ市場の一部だ。企業は監視することで、あなたの関心を引く方法を考え、あなたの行動を彼らの利益につながるように仕向けることができるのである。

最終的に、これらのデータやMLは、人々のプライバシーを侵害するおそれのある製品を作るためにも使われる。その代表格が顔認識ソフトウェアで、群衆の中からあなたの顔を特定できる可能性がある。悪名高いスタートアップ企業のクリアビューAIは、フェイスブック、ユーチューブ、ベンモ、その他何百万ものウェブサイトから30億枚以上の人々の画像を収集した。同社のソフトウェアを利用できる人々が、公共の場にいる誰かの写真を撮ってアプリにアップロードすると、オンライン上で一般に公開されているその人物の画像、ならびにその画像へのリンクが検索結果として表示される。そうしたリンクの先にあるサイトには、その人物の名前や住所、他の個人情報が掲載されているかもしれない。

この種のプライバシー問題は、近年、非常に注目を集めている。市民や消費者、企業の従業員、そして政府が注目しているのである。新聞やソーシャルメディアには、人々が持つべきプライバシーの権利や利益をさまざまな形で企業が踏みにじっていることについての記事が大量に配信されている。人々のデータを保護するために、多種多様な規制が既に成立している。中でも有名なのがEUの一般データ保護規則（GDPR）と、米国のカリフォルニア州消費者プライバシー法（CCPA）だ。また最近、EUで加盟国に対してAIやMLに関する規制の整備が勧告されるなど、さらなる規制が行われる可能性が高い。

企業はこうした問題に対処しようとしているが……上手くいっている企業ばかりではない。フェイスブックはケンブリッジ・アナリティカの一件〔政治家や政治団体向けに有権者の分析やマーケティングのサービスを提供していたケンブリッジ・アナリティカ社が、フェイスブックからユーザーの個人情報を得て不正利用していたことが明るみに出た事件〕（フェイスブックのような巨大企業でなければ、存亡の危機となるような事件だった）で面目が丸つぶれになったが、その後も継続的に、評判を落とすような出来事を起こしている。他の企業はもっと上手くやっている。たとえばアップルは、プライバシーに対するスタンスを自社のブランドイメージの大きな要素に変えた。

私の経験では、ほとんどの企業はプライバシーについて誤解しているために、この問題を上手く処理できていない。

「プライバシー」とは何なのか

エンジニア、データサイエンティスト、シニアリーダーたちと「プライバシー」について語る際、問題となる点のひとつは、彼らがこの言葉を、多くの市民と同じような形で捉えていないことである。その原因は、この言葉が何重にも曖昧なためだ。少し言い方を変えると、プライバシーには3つの側面がある。

プライバシーについて考える方法の1番目は、GDPRやCCPAといった、規制や法律の遵守（コンプライアンス）という観点だ。この観点に立つ人々は、規制や法律を遵守すれば、プライバシーを尊重したことになると考える。2番目は、サイバーセキュリティの観点から考える方法である。あるデータを、それにアクセスすべきでない人々（不特定多数の従業員や、ハッカー、政府など）から守るために、どのような慣行を取り入れるべきかという話だ。この観点に立つ人々は、望まれないアクセスや不正なアクセスを防ぐことで、プライバシーを十分に尊重したと考える。そして3番目が、倫理的リスクの観点である。

これらプライバシーの3つの側面は、ベン図で描いた場合には重なる部分もあるが、明確に異なるものだ。本書の目的という点からは、3番目の観点を検討し、コンプライアンスやサイバーセキュリティとは異なる倫理的リスクがどのようなものかを確認することが重要となる。

第1に、GDPRやCCPAのような規制があっても倫理的リスクは残る。それはこうした規制が、特定の管轄区域においてのみ効力を持つからだ。GDPRとCCPAはそれぞれ、EU加盟国、カリフォルニア州という特定の地域でのみ効力を持つ。仮に倫理的リスクと法規制に違反するリスクが同じものであったとしても、米国の多くの地域はそれらの影響を受けないという、単純な話だ。つまりカリフォルニア州以外の州では、CCPAに反する形で事業を行うことが可能であり、その結果、倫理的リスクが脅威として残るわけである。

第2に、管轄区域の問題を脇に置いたとしても、プライバシーに関する倫理的リスクは、規制リスクと同一であるとは言い切れない。たとえば顔認識ソフトウェアの使用をさまざまな形で制限することがEUで推奨されているのは、まさにその制限がGDPRに含まれていないからである。にもかかわらず、さまざまな企業が顔認識技術の使用について、ニュースやソーシャルメディア上で批判を浴びている。

第3に、不正アクセスのリスクだけが、データやAIに関する唯一のサイバーセキュリティリスクではないため、倫理的リスクが残る。繰り返しになるが、顔認識ソフトウェアは、ずさんなデータ管理やデータ漏洩、ハッキングの脅威とは別に、プライバシーに対する脅威となる可能性がある。顔認識ソフトウェアより懸念されるのが、読唇術AIだ。これは人が何を話しているかを、音声が聞き取れなくても把握することができる(1)。さらに人々の口やあご、舌などの動かし方を指紋のように使えるようになると、このソフトウェアが搭載されたカメラは「誰が」何を言っているのかを認識可能になり、事態はさらに深刻になる。これらは関連する法規制がなく、さらにサイバーリスクとも関係のないプライバシーリスクである。

以上の説明は、コンプライアンスやセキュリティが重要ではないという意味ではない。規制を無視するとコストがかかる。捜査に対応し、罰金を支払えばリソースを消費し、そうした捜査が行われたり罰金が科されたりしたという報道はブランドイメージを汚すことになる。サイバーセキュリティも同様の結果をもたらす。ユーザーや患者、消費者、市民に関するデータが流出したり、システムがハッキングされたりすれば、極めて高くつく。そしてどちらも倫理的な問題をはらんでいるが、いずれのリスクも、私たちがデータやAI倫理の文脈でプライバシーについて語るときに取り上げる、一連の倫理的リスクとは異なる。

プライバシーとは匿名性のことだけではない

エンジニアやデータサイエンティストなどの技術者が、AI倫理などの議論の場において、匿名性がプライバシーを尊重するためのカギであると語り、その結果、いかにデータを匿名化して、それが覆される可能性を最小限に抑えられるようにするかという技術的な討論が続く場合がある。

それと同じことを、本書では既に見てきた。バイアスについて語るとき、技術者は数学的なツールによってバイアスを特定・緩和できると考える。それは間違いだ。説明可能性について語るとき、技術者は数学的なツールによってブラックボックスを透明化できると考える。それは間違いだ。したがって、技術者がプライバシーの倫理的リスクを匿名性の問題に還元し、データを匿名化する数学的ツール（たとえば差分プライバシー〔個人情報を含むデータセットを分析する際に、その結果から元の個人情報が把握されないようにする手法〕やk－匿名性〔データの匿名性を評価する指標のひとつ〕、l－多様性〔データの多様性を評価する指標のひとつで、属性に1個以上の多様性があることを示す〕、暗号学的ハッシュ〔特定のデータを、元の値を復元困難な別の値へと置き換えることで匿名性を保つ手法〕など）を探そうとするとき、私たちは疑ってかかるべきなのである。

技術者は、「これが誰のデータか分からなければ、誰のプライバシーも侵害されない」と決めてかかっている。

この想定は、不合理なものとは言い切れない。組織や個人が、あなたの名前やその他の個人を特定できる情報（PII）を知っていると、たとえばウェブサイトを横断してあなたを追跡するなどして、情報量を増やしてあなたのプロファイルを構築することが容易になる。とはいえ、データとAI倫理の文脈では、この想定は誤りだ。フェイスブックのケンブリッジ・アナリティカ事件を考えてみることで、それが理解できるだろう。

ケンブリッジ・アナリティカは8700万人以上のフェイスブック・ユーザ

ーのデータを収集した（そのうち7060万人は米国内のユーザー）。彼らはそのデータを使って心理プロファイルを作成し、そのプロファイルから、ある場所でどのような政治広告がどのような人々に影響を与えるか（たとえばどのような広告を打てばドナルド・トランプに投票するよう促すことができるのか）を予測するために使用した。ケンブリッジ・アナリティカはフェイスブックのプラットフォームにアップロードしたアプリを通じて情報を集めたのだが、そのような活動ができるようにフェイスブックが自社のサービスを設計していたことは、プライバシー侵害として広く受け止められている。フェイスブックはこうした情報をケンブリッジ・アナリティカと共有すべきではなかった、というわけだ。フェイスブックはハッキングされたわけではないことに注意してほしい。単にシステムを設計する際にプライバシーを考慮しなかった、あるいは少なくとも正しい方法で、あるいは適切な程度まで考慮しなかっただけなのである。

この大規模なプライバシーの侵害は、匿名性に関するものだろうか？　私にはそう思えない。ケンブリッジ・アナリティカは、ユーザーの名前を知る必要はまったくない。実際、プロファイルの匿名性を保つために、ユーザー名やその他のPIIを意図的に暗号化したり、ハッシュ化したりすることも可能だった。ケンブリッジ・アナリティカが知っているのは、「ユーザーfe79n583025nkは、74.3パーセントの確率で、広告#23に説得力があると感じるだろう」ということだけだ。であれば、フェイスブックのユーザーや市民、政府関係者は、データを分析したケンブリッジ・アナリティカや、ケンブリッジ・アナリティカがこれほどの情報へのアクセス権を持てるように、自社のソフトウェアを設計したフェイスブックを問題視しないだろうか？私はそう思わない。

この話の教訓は、匿名性は重要ではない、ということではない。匿名性がすべてではない、ということだ。それは、企業や政府、その他の組織があなたに関するデータを収集し、それを使ってMLをトレーニングし、あなたに関する予測を行い、あなたをどう扱うかを決めることを阻止するのに、匿名性では十分ではないからである。より明確に言えば、企業が収集したデータや開発したAIによって、誰が面接の機会や住居を手に入れられるか、人々にどんなコンテンツを提供するか、どんな広告を表示するか、誰に投票するように仕向けるか、投票した人々が選挙の正当性について何を信じるのか、などに対する企業の支配力が高まっていることが問題になっているのである。

もしあなたが、企業がどんなデータを収集し、それを使ってどんなことをしているのかを知っていて、データ収集そのものを止めさせたり、あなたが望まない形でデータが使われるのを防いだりする力があるとしたら、あなたは（少なくとも部分的には）企業によって不当に行動を操られたり、望まない形で扱われたりするのを防ぐことができるだろう。さらに、自分のデータがそうした企業にとってどれだけの経済的価値があるのかを知っていれば、データの収集と利用に対する補償を求めることができるかもしれない。自分のデータが資産であるのなら、それをただで提供したいとは思わないだろう（他の資産に対するのと同じように反対するはずだ）。結局のところ、AI倫理におけるプライバシーとは、企業が市民について何を知っているのかという話ではない。それはコントロールの話なのだ。具体的に言えば、自分に関するどんなデータを誰が収集し、それを何に利用できるかをコントロールする権利についての話である。

プライバシーとは能力である

寝室でシェードを下すとき、あなたはプライバシーに対する権利を行使しており、シェードを戻すときも同じように権利を行使している。同様に、あなたが誰かを寝室に招き入れたとき（おそらくシェードを下ろした状態で）、その人はあなたのプライバシーを侵害してはいない。それはプライバシーが権利（あるいは利益）であり、それをどうするかはあなた次第だからだ。

このようなプライバシーの概念は法律として成文化されており、その法律では情報プライバシーと憲法上のプライバシーの区別を明確にしている。

情報プライバシーとは、自分自身についての情報をコントロールする権利に関するものだ。そうした情報を、誰がどれくらいの期間、どのような条件で管理するかといった具合である。そうしたコントロールは、たとえば不当な捜査や監視から身を守るために重要であると考えられている。憲法上のプライバシーとは、自分についての情報のコントロールに関するものではなく、むしろ自分自身のコントロールに関するものである。この権利が認められる限り、私たちがどのような生活を送るか、誰と付き合い、どのようなライフスタイルを好むかについて、外部から一定の独立性を持てることは、権利なのである。そうした権利は、たとえば同性愛者であること、子供を持つかどうか、持つとしたら何人にするかを選ぶこと、宗教を信仰するかどうかを決めること、などを守るために使われてきた。

もしあなたの会社がプライバシーの尊重を目標に掲げているなら、それは最低限、この自分自身（についての情報）をコントロールする能力が損なわれたり、それをユーザーや消費者、市民の側が大きな努力をしなければ行使できなくなったりする形でAIを導入しないことを意味する。そして最高の状態は、そうしたコントロール能力を行使できるようにしたり、それを積極的に促進したりするAIを導入することである。

いまあなたが、人々とそのプライバシーを尊重することを掲げる組織に勤めているとしよう。あなたは人々がプライバシー権を行使する能力を制限したくはないはずだ。またその権利を行使する能力を最大限まで高めたいと思う可能性もある。あるいはその中間を目指すかもしれない。しかしそうしたことをどのように測定し、AIの開発・導入にどのように組み込んでいけばいいのだろうか？

プライバシーに関する5つの倫理的レベル

ユーザーや消費者、あるいは市民が、自分たちの（デジタル）生活をコントロールする能力を発揮できるような状況を生み出す要素について考えることから始めてみよう。

透明性

ユーザーや消費者、市民が自分についてどのような情報が収集されているのか、その情報で何が行なわれているのか、どんな決定に利用されているのか、誰に共有され、販売されているのかを知らなければ、それをコントロールしているとは言いがたい。あなたが企業としてそれを顧客に伝えていない、あるいはより悪いことだが、あなた自身も知らないというのであれば、それは問題だ。

データのコントロール

ユーザーや消費者、市民は自分に関する情報を修正、編集、あるいは削除する能力を持っているかもしれないし、持っていないかもしれない。また一定の形で扱われることを拒否できる（たとえばターゲティング広告を拒否する）かもしれないし、できないかもしれない。こうしたアクションを行う能力を持つことは、自分に関する情報をコントロールするのに必要なことのひとつだ。少なくとも3つの理由から、企業がこうした能力を人々に付与することがますます重要になっている。第1に、GDPRなどの規制によって、それが要求されることがある。第2に、それによってユーザー（あるいは消費者や市民。今後、これらの3者をまとめて「ユーザー」と表記する）に対して、プライバシーを尊重していることを伝えられる。第3に、ユーザーに不正確な情報を修正する機会を与えることで、より良いサービスを提供し、より正確なAIモデルを開発することが可能になる。

デフォルトでのオプトインか、オプトアウトか？

　大部分の企業は、大量のデータを収集することをデフォルトとして行っている。それはユーザー登録のプロセスから始まるだろう。そしてユーザーが自社サイト上に滞留している間、彼らがサイト上のどこに行き、どれくらいの時間、何をしていたかといったデータを収集することもある。このようなデータ収集の可否について、ユーザーは選択できず、彼らはデータが収集されることに自動的に「オプトイン」することになる。これとは別のあり方は、企業が自動的にユーザーをデータ収集から「オプトアウト」させ、ユーザーがそうしたデータ収集へ「オプトイン」するのを要求するというものだ。前者のアプローチでは、オプトアウトの負担をユーザーが負うことになる。ユーザーは企業が自分に関する情報をどのように収集しているのかを調べ、彼らが入手した情報のリストを確認し、データの収集やその特定の目的への使用を拒否しなければならない。後者のアプローチでは、企業側が負担を負う。ユーザーにとって、提案された形でのデータの共有・使用を認めることは利益をもたらし、したがってデータの共有にオプトインすることは良い決断なのだと彼らに示す必要がある。デフォルトでのオプトアウトを選択する動機としては、まず何よりも害をなしてはならないということ、そして害をなさないためには、ユーザーが自らのデータの収集と利用に同意しているとは仮定しない、といったことなどが挙げられる。

完全なサービス

　あなたの会社は、人々からどのようなデータを得られるかによって、提供するサービスを増やしたり減らしたりする。ユーザーが（企業が押し付ける）プライバシーポリシーに同意しない場合、いかなるサービスも提供しないという企業もあれば、ユーザーがどの程度のデータを共有してくれるかによって、提供するサービスの程度を変えるという企業もある。またユーザーが共有するデータの量に関係なく、完全なサービスを提供するところもある。

表 4-1

プライバシーに関する５つの倫理的レベル

	レベル１ 目隠しと手錠	レベル２ 手錠	レベル３ プレッシャー	レベル４ 若干の制限	レベル５ 感謝
透明性		✓	✓	✓	✓
データの コントロール			✓	✓	✓
デフォルトでの オプトアウト				✓	✓
完全なサービス	✓	✓			✓

ここで問題となるのは、そのサービスがどのていど必要不可欠であるかということだ。自律性が、少なくとも部分的には、他者からの不当な影響を受けずに自由に人生を歩む能力であるとするなら、そしてある組織が、ユーザーが不快に思うレベルのデータへのアクセスを認めることを条件として重要なサービスを提供しているのなら、その組織はユーザーに対して不当な影響を及ぼしており、ユーザーの自律性が侵害されていることになる。

このようにプライバシーの要素を明確にすることで、私が「プライバシーに関する５つの倫理的レベル」（表 4-1 参照）と呼ぶものが理解できる。

レベル１　目隠しをされ、手錠をかけられた消費者。自らのデータと、自らに関する予測について、人々は何も知ることができず、受動的である。これが標準的な状態である。消費者の大多数は、データとは何か、ましてや「メタデータ」、「人工知能」、「機械学習」、「予測アルゴリズム」が何であるかなど、ほとんど知らない。そのような知識を得ていた場合でも、一般の消費者は、日常的に接している何十、何百ものサイトやアプリのプライバシーポリシーに精通しているわけではない。さらにウェブサイトを閲覧したり、何かを購入したりしていないにもかかわらず、人々に関するデータが収集され、その人々に関する予測がなされることがある。企業による従業員の監視は、

（本章の冒頭で風刺したように）透明性のない形で行われるため、従業員はそれをコントロールできず、デフォルトでオプトインされる。第７章で詳しく解説するが、警察によって監視される市民も同様だ。

ウェブサイトやアプリを使用したためにデータを収集されたユーザーや消費者にとっては、同意を求めるバナーをクリックしたときに彼らが「承諾」した「利用規約」やプライバシーポリシーがあることを盾に、レベル１以上の措置を講じていると言われても何の足しにもならない。それらは法的には企業を保護するかもしれない（しないかもしれない）が、倫理的、風評的なリスクからは守ってくれない。仮にフェイスブックの利用規約がケンブリッジ・アナリティカのような事件の可能性に対応していたとしても、殺到する批判を和らげることはほとんどできなかっただろう。実際、もし「法律用語で書かれた30ページの利用規約でこうした事態が発生する可能性があるとお伝えしていました」と発表していたら、さらに怒りを買うだけだったはずだ。前章で解説したように、説明の効果を上げ、敬意を表すには、説明する相手にとって分かりやすく、飲み込みやすいものである必要がある。

企業がレベル１の状態にある場合、ソーシャルメディア上で人々を激怒させ、ジャーナリストを興奮させるような行動をとっていることになる。そして『監視資本主義』（東洋経済新報社）のような本の執筆や、ニューヨークタイムズの「プライバシー・プロジェクト」（企業が市民や消費者からの信頼をいかに裏切っているかを継続的に記事にしている）のような活動を促す。アップルがフェイスブックを嘲笑うことができるのも、そのためだ。

レベル２　手錠をかけられた消費者。少なくとも目隠しは外された。人々は原則として、自分のデータとそれに基づいて行われる予測について知識を持っているが、どのようなデータが収集され、何が自分のデータで行われるかについてはまだ受動的である。自分のデータや予測に関する情報は、少し努力すれば手に入れることができる。データを収集する企業は、ユーザーに対してどのようなデータがあり、それをどのように利用するのかを明示することに、ある程度の労力をかけている。とはいえこのレベルでは、人々は自分のデータが何に使われているかは知っていても、それについて何もできない。これは運転免許センターにいるのと同じような状況だ。彼らはあなたについて、名前や住所、身長、髪や目の色、交通ルール違反で取り締まられた回数など、多くのデータを保有している。しかしあなたはそれに対して、ほぼ何もすることができない。

レベル３　プレッシャーをかけられた消費者。人々は何が行われているかを知っており、どのようなデータが収集され、それがどのように使われるかをある程度コントロールすることができる。より具体的に言えば、人々はこうした状況に関する情報を集めた上で、自分が望まない形でデータを収集・利用している組織からオプトアウトすることができる。とはいえオプトアウトする必要があるということは、人々が調査を行った上でオプトアウトするまでに、何らかのデータが収集され、さまざまな用途に使われてしまっていることを意味する。

レベル４　やや制限を受けた消費者。人々は何が起きているか知っており、彼らに関するデータは、彼らの同意が得られないまま収集もしくは使用されない。

レベル１および２において、完全なサービスが提供されていることに注意してほしい。これらのレベルでは、問題となる企業のサービスや製品を一切使用しなかった場合を除き、人々はどのようなデータが収集されるか、あるいはそれがどのように利用されるかに対してコントロールできないためだ。そして大半の企業はこのレベル１か２に属している。彼らがそれをよしとしている根拠は、「顧客に価値を提供している限り、顧客が当社のサービスを利用する際に彼らのデータを利用することは正当化される」と考えているためだ。その場合、提供されるサービスがデータを共有するだけの価値があるものかどうかの判断は、その判断を行う金銭的なインセンティブを持つ企業自体によって行われることになる。

レベル３および４（これらのレベルでは人々がオプトインもしくはオプトアウトすることができる）では、この判断は程度に差はあるものの、データを収集される消費者自身によって行われる。消費者がコントロールを持つようになるのだ。しかし企業は、データ共有が制限された場合にサービスを縮小することで、消費者がデータを共有するよう動機付ける（あるいは消費者がそのサービスを緊急で使用しなければならない場合にはプレッシャーをかける）ことができる。これは既婚者を誘惑するようなものだ。そう、誘いに乗るかどうかは相手が決めることなのだが、あなたは積極的に、相手が配偶者を裏切る決定をさせる役割を果たすのである。

レベル５　自由で感謝している消費者。このレベルにある企業は、ユーザーがどのようなデータを提供することにオプトインするか、そしてそれをさまざまな目的に利用することに同意するかとは無関係に、彼らに完全なサービスを提供する（ただし本人が希望した、または代金を支払ったサービスを提供するために必要なデータを除く）。もちろんサービスの料金が支払われなかった場合に、提供するサービスを制限しても構わない。

これら５つのレベルは、あくまでも学習用のものであり、現実はもっと複雑だ。製品ごとに異なるレベルを（正当に）設定している企業もある。またある面では透明性があるが、別の面ではないといった場合もある（たとえばどのようなデータを収集しているかについては公開しているが、どのような予測を行っているかについては非公開など）。それでも、AI倫理におけるプライバシーが実際にどのようなものであるかを把握する際の参考になるだろう。さらにこのレベル分けによって、自社はどのレベルを（組織全体および製品単位で）目指すのか（より重要なのは、どのレベル以下に下げないか）

を決定する必要性が浮き彫りになる。このことから、新たな「コンテンツからストラクチャーを導く教訓」が導き出される。

コンテンツからストラクチャーを導く教訓8

AIをトレーニングするためのデータの収集を始める前に、自らのユースケースにおいて、プライバシーの倫理的レベルをどの程度にするのが適切かを判断する。

「プライバシーに関する5つの倫理的レベル」をもとに構築・導入する

「プライバシーに関する5つの倫理的レベル」は、ある製品が、そして間接的には、その製品を開発した企業がどの程度プライバシーを尊重しているかを評価する指標となる。それは外部のステークホルダーにとっても、またプライバシーに対する組織のコミットメントを実現させる責任を負う、経営幹部や管理者にとっても有益なものだ。また、開発者が開発時にプライバシーについて考えるためのツールでもある。

たとえばあなたの会社のプロダクトマネージャーが、自社のプライバシーに対するコミットメントの内容について、何を常に行って何を絶対に行わないかに至るまで、はっきりと理解しているとしよう（この理解度に至るために、次章で取り上げる「AI倫理声明」が役立つかもしれない）。こういうとき、「プライバシーのレベル2以下にならない」とか、「レベル5を絶対に達成する」といったコミットメントとして活用することもできる。

問題がAIチームに提示されると、彼らはブレインストーミングをしたり、可能性のある解決策のアイデアを考えたりする。そうした解決策を考える際には、提案された解決策がどのレベルのプライバシーに適合しているか、また提案された製品が、自社の一般的なプライバシーに関するコミットメントに適合するかも検討することになる。提案されたあるソリューション（たとえば顔認識技術を小売店の店舗に密かに導入して、そこに訪れた買い物客を識別し、1時間のみ有効のトイレットペーパー割引コードを彼らの携帯電話に送信するなど）は、その企業が顧客に対して透明性を担保したいと考えていることから開発を却下されるかもしれない。他のソリューション（たとえば既存の顧客に対し、彼らがトイレットペーパーを必要としているだろうとAIが予測した際に、割引コードをメールするなど）は、対象となる顧客が特定の割引コードを送信することを目的としたデータ収集にオプトインしており、それが自社のコミットしているレベル4に合致していることから、検討の俎上に残るかもしれない（顧客はデフォルトでオプトアウトされており、オプトインしなければ割引コードを受け取ることもないため）。

ある企業がどのレベルで事業を行うかは、そのビジネスモデルによってほとんど決まってしまう場合がある。フェイスブックは、すべてのユーザーに完全なサービスを提供しながら、人々がオプトインしない限りユーザーデータの収集をやめるという対応をしたら、つぶれてしまうかもしれない。同社の利益は広告配信からもたらされており、広告主は広告のターゲットを絞るためにユーザーデータを必要とする。他のビジネス、たとえばサブスクリプションモデルで運営されている企業は、レベル5を達成する余裕がある。

すべての企業がレベル5を目指すべきというわけではない。プライバシーとは、あなたのデータ収集や導入しているAIの対象となっている人々が、あなたの組織がどのようなデータを収集し、それを使って何をするかについて、どの程度まで情報とコントロールを有しているかという概念であり、重んじるべき価値のあるものである。しかし価値のあるものはプライバシーだけではなく、それを上回る他の（倫理的）利益のために、プライバシーのレベルを下げることが合理的な場合もある。たとえば世界的なパンデミックに対抗するワクチンを開発するために、プライバシーのレベルを下げることが必須であるとしたら、その選択は倫理的に正当化されるだろう（構築したデータとAIインフラのセキュリティに責任を持つ、などのような条件付きで)。実際にフェイスブックのビジネスモデルが、サブスクリプションではなく広告をベースとしたものであり、それによってサービスを世界中に展開するのを経済的に可能にしていることを考えると、同社のプライバシー慣行はある程度まで正当化され得る。賃金が極端に低い、あるいはゼロの発展途上国の市民であっても、個人的な目的や仕事に関連する目的のために、新たな経済的負担を負わずにフェイスブックを利用することができる。もしフェイスブックがプライバシー保護の名目で、サブスクリプションモデルを世界中で展開したら、同社は「歴史的にも現在もグローバルコミュニティから疎外されている市民を排除した」として、間違いなく批判にさらされるだろう。そしてそれは理不尽な批判ではない。

この点で、フェイスブックは少々困った立場にある。同社が強いられていることのひとつは、相反する2つの価値を天秤にかける（金銭的な計算を脇に置いて）ことである。一方にあるのはプライバシーで、これはサブスクリプションモデルによって高めることができる。もう一方にあるのは、機会を切実に必要としている人々への機会提供で、これはサブスクリプションモデルとは相容れない。この緊張状態を解消するのは容易ではなく、またそれを解決するのはデータサイエンティストやエンジニアの仕事ではない。このことから、新たな「コンテンツからストラクチャーを導く教訓」が導き出される。

コンテンツからストラクチャーを導く教訓9

倫理的な価値観が対立したときに、専門的な知識に基づいて責任ある決断を下すことができる（理想的には複数の）個人が必要。

「気味が悪い」という感情への配慮

本章では、倫理的な観点からプライバシーを考えるために不可欠な要素である、「誰がデータをコントロールし、それを何のために使用するのか」に焦点を当てた。しかし多くの人々にとって、自分のプライバシーが侵害されることに対する懸念を、このように系統立てて整理することは難しい。むしろ人々は、あなたの会社や他の組織が、自分に関するすべてのデータを収集していることをこう見なす……気味が悪い。企業が消費者を「ストーキング」しているのは「不気味」なことなのだ。そして消費者は、まさにそのような理由で、企業が自分のデータを収集することを拒否するかもしれない。

私自身は、このような懸念はやや見当違いではないかと考えている。不気味であるというのは、危険である、安全ではない、あるいは脅威であるように思われるということだ。であれば、不気味に感じられるものが本当に脅威なのか、というさらなる疑問が生まれる（不気味だが無害な人もいる。たとえば何の悪気もなく、ずっと目線を合わせてくるような人だ）。そしてこれまで述べてきたように、本当の危険は、組織がデータを持つという事実だけでなく、そのデータをどのように利用するかということにある。そう言うと、あなたはこう思うかもしれない。「私たちの組織は、人々から集めたデータに対して倫理的に問題のあることは何もしていないので、私たちが不気味で脅威であるという彼らの懸念は根拠がない。したがって、倫理的に言えば、私たちは彼らの『不気味だ』という訴えを無視できる」。しかしこの考え方は間違いだ。

消費者は、あなたが自分のデータをどう扱うかについて、根拠のない心配をしているかもしれない。彼らはそれを気味が悪いと感じ、あなたは彼らが抱く「不気味」という感情が、不当なものであると考える。しかし人々を尊重するというのは、たとえその人の希望が見当違いだったり、誤った情報に基づくものであったりしたとしても、それを尊重するということも含まれる。

彼らの懸念を一蹴してしまうというのは、彼らの判断を組織の判断に置き換えるということであり、たとえ後者の方がより正しかったとしても、彼らの希望を尊重しないというのは、好ましくないパターナリズム（父権主義）になりかねない。

さいごに　プライバシーについて語ることの奇妙さ

規制の遵守やサイバーセキュリティという観点を差し置いて、AIの文脈におけるプライバシーについて語るのは少し奇妙だと認めざるを得ない。しかしユーザーや消費者、市民にとって本当に危険なのは、組織が彼らに関する特定のデータを持っていることではなく、むしろ組織（そこにはあなたが所属する組織も含まれる）がそのデータを利用して、彼らが望まないことを行うかもしれないことだ。ユーザーは、AIモデルをトレーニングするといった、あなたが彼らのデータを使ってしようとしていることを自らや社会全体に害が及ぶ、あるいは及びかねない行為として捉えるかもしれない。たとえば、ユーザーを意のままに操ったり、意思決定や行動に不当な影響を与えたり（自分が監視されているという感覚を抱くため）、間違った分類によって、本当はそれを手にする資格のある人へのモノやサービス（与信枠や住宅ローン、保険など）の提供を拒否したり、AIが選んで表示してくるソーシャルメディア上のコンテンツやニュースによって精神的な苦痛を与えたりするといったことである。端的に言えば、AIの文脈でプライバシーに関する懸念を表明するとき、倫理的に安全でないAIを導入することによって、組織が倫理的な不正行為に関与するのではないかという懸念を表明していることが多い。ユーザーは自分のデータを自らの管理下に置くことによって、自分に害の及ぶことがないようにしたいと考えている。このように、プライバシーについて語るのは、大まかに言って、AI倫理全体について考えることに等しい。

正しく理解する、きちんと決着をつける

ここまでの解説で、AIの基礎、倫理の基礎、そしてAI倫理の3つの主要課題（バイアス、説明可能性、プライバシー）について理解できたはずだ。そして「コンテンツからストラクチャーを導く教訓」を通じて、AI倫理リスクプログラムの概要が少しずつ見えてきているだろう。いよいよこの「ストラクチャー」の詳細について考えてみたい。まずは人々が通常どのようにそれに取り組んでいるのか、そして失敗しているのかを見ていく。その後で正しいやり方を説明するとお約束しよう。

まとめ

- プライバシーに関連する「コンテンツからストラクチャーを導く教訓」は2つある。これらは、「コンテンツ」を理解することによって得られる、「ストラクチャー」へのアプローチ法を教えてくれるものだ。
  - AIをトレーニングするためのデータ収集を始める前に、自らのユースケースにおいて、プライバシーの倫理的レベルをどの程度にするのが適切かを判断する。
  - 倫理的な価値が対立したときに、専門的な知識に基づいて責任ある決断を下すことができる（理想的には複数の）個人が必要。

- 機械学習を使用する場合、AIを開発・導入する組織は膨大なデータを収集・使用する必要がある以上、AI倫理には必ずデータ倫理が含まれる。
  - そういったデータ、より具体的に言えば、そういったデータを使用してトレーニングされるMLは、多くの場合、ユーザーや消費者、市民、従業員などに関する予測を行うために構築される。そうした予測や、それに基づいて取られるアクションは、彼らの利益が最優

先に考えられている場合もあればそうでない場合もあり、人々はしばしば、収集されたデータや行われた予測の種類によってプライバシーが侵害されたと主張する。そしてこの主張は不合理なものではない。

- プライバシーには3つの側面がある。
  - 規制の遵守（コンプライアンス）
  - データの完全性と安全性（サイバーセキュリティ）
  - 倫理

- プライバシーはしばしば、匿名性と同一視される。個人を特定できる情報を適切に匿名化することは重要だが（また倫理とサイバーセキュリティの両方の観点からこれを行う責任がある）、プライバシー侵害に対する不満は、匿名性の欠如をはるかに超えた範囲にまで及ぶ。

- AI倫理の文脈におけるプライバシーとは、人々が不当な圧力を受けることなく、自分のデータに対する知識とコントロールを有する状態がどのていど実現できているかを示すものであると理解できる。言い換えれば、組織がプライバシーを尊重するとは多くの場合、データの収集やAIによる処理の対象となる人々の自律性を尊重することであると言える。

- 「プライバシーに関する5つの倫理的レベル」を構成する4つの要素は、次の通りである。
  - 透明性
  - データのコントロール
  - デフォルトでのオプトアウト

－　完全なサービス

- これらの要素が消費者に提供されればされるほど、企業はより高いプライバシーレベルに達することになる。これらの要素に基づく「プライバシーに関する５つの倫理的レベル」は、プライバシーの実現度の低いものから高いものの順で、次のような内容となっている。
  - －　レベル１　目隠しをされ、手錠をかけられた消費者。消費者には完全なサービスのみが提供される。
  - －　レベル２　手錠をかけられた消費者。完全なサービスと透明性が提供される。
  - －　レベル３　プレッシャーをかけられた消費者。透明性とデータのコントロールが提供される。
  - －　レベル４　やや制限を受けた消費者。透明性、データのコントロール、デフォルトでのオプトアウトが提供される。
  - －　レベル５　信頼と感謝を感じている消費者。４つの要素すべてが提供される。

- あらゆる企業が、あらゆる製品においてレベル５を目指すべきであるとは限らない。プライバシーはさまざまな価値のうちのひとつであり、組織内のより一般的な倫理的コミットメントと優先順位を尊重しながら、プライバシーと他の価値との折り合いをつけなければならない。

幕間

このコーナーは何だ、と思ったかもしれない。これは章ではない。コンテンツの話でもないし、ストラクチャーの話でもない。「哲学的間奏」とでも呼んでおこう。ストラクチャー編に入る前の口直しのようなものだ。ここで本書のタイトル〔原題『倫理的なマシン：完全にバイアスがなく、透明性の高い、人を尊重するAIを実現するための簡潔なガイド』〕について少しコメントしておきたい[(1)]。

道具（および機械）は倫理的に中立である、というのが一般的な考え方だ。たとえばねじ回しは、本質的に善でも悪でもなく、正しくも間違ってもいない。ねじ回しの倫理はすべて、何のねじを締めるかということに帰結する。困っている人々のために家を建てる？　良いことだ。強制収容所をつくる？　悪いことだ。

そして道具が人に何かをさせることはない。いや、させることはできない。ただそこにあるだけで、誰にも声をかけず、何の行動も促さない。

道具は倫理的に中立であるという考え方は、少なくともねじ回しに適用される場合には、納得感のあるものだ。ではAIも倫理的に中立だと考えるべきだろうか？　結局のところ、それは道具である。AIの倫理は、AIをどう使うかに尽きると思うかもしれない。悪い奴らを捕まえるための顔認識？

良いことだ。無実の一般市民を追跡するための顔認識？　悪いことだ。

しかし実際はもっと微妙な問題であることを、既に見てきた。たとえばバイアスの章を思い返してほしい。AIをどのように開発するかが、完成したツールの機能に影響することを解説した。どのような学習データを使うか、どのような閾値と目的関数を設定するか、テストでどのようなベンチマークを使うか、といった決断のすべてが、アウトプットに差別が含まれてしまうかどうかに影響する。エンドユーザーがどのようにAIを導入するか、あるいはねじ回しの場合のように、良い意図で使われるかどうかは関係ないのである。差別的なAIを使えば、たとえ誰かを傷つける意図がなくても、ユーザーは誰かを差別してしまうことになる。

プライバシーの章も思い返してほしい。AI（より具体的に言えば機械学習）は、その餌となるデータが大量にあって初めて存在できる。他の条件がすべて同じなら、データは多ければ多いほど良い（第3章で解説した通りだ）。したがってAIを開発する組織には、できるだけ多くのデータを集めて利用しようとするインセンティブが強く働き、その結果、人々のプライバシーを侵害してでもデータを収集しようとする。機械学習という猛獣には、その力を解き放とうとする者に対して、すべてのデータを吸い上げることを求めるという性質がある。ねじ回しはそのような要求をしない。

倫理的に中立なAIというものは存在しない。AIを発注し、設計し、開発し、導入し、承認する人々は、ねじ回しを製造する人々とはまったく異なる。AIを開発するというのは、倫理的な――あるいは非倫理的な――マシンを開発するということなのである。

第5章

実際に役立つAI倫理声明

第1章において、倫理がどれほど具体的になり得るのか、つまりぐにゃぐにゃで感情的な個人の意見ではないということを確認したので、そこからさらに進んでみよう。倫理的信念とは、世界に関するものだ。具体的に言えば、何が正しくて何が間違っているか、何が善で何が悪か、何が許され何が許されないかについての信念であり、組織は倫理を正しく理解することも、誤って理解することもある。第2章から第4章では、AIにおける3つの複雑な倫理的課題、「バイアス」、「説明可能性」、「プライバシー」について詳しく説明した。こうした課題への理解を通じて、さまざまな「コンテンツからストラクチャーを導く教訓」を学んだ。

最後はこれらをすべて統合して、AI倫理リスクプログラムにしなければならない。これはAIの倫理・評判・規制・法的リスクを体系的かつ包括的に特定・管理するための、組織における「ストラクチャー」の構築、拡張、維持のあり方を明確化したものだ。しかしあなたの会社が他の多くの会社と同じならば、あなたはこれを大変な課題だと感じるだろう（それは当然だ）。この本を脇に置いて、すぐにこのプログラムの作成と、それに伴う組織的・文化的変革に取りかかろうとはまず思わないはずだ。

それでは、どこから取りかかればいいのか？　組織が属する業界や国、営利・非営利の別を問わず、標準的な第一歩となっているのが、AI開発・導入における倫理基準（一連の倫理的価値や原則をまとめたもの）を明確にするというものだ。これは「AI倫理原則」と呼ばれたりもするが、よくある捉え方で言えば、「責任ある」あるいは「信頼できる」AIに対する組織としての取り組み方といったところだ。何百もの組織がこのような声明を発表するようになっており、これは立派なスタート地点と言えるだろう。役員会や経営陣、プロダクトオーナー、開発者などに指針を示すには、倫理基準を明確にすることが重要であることは明らかだ。どこかで始めなければならないのである。

特定のAI倫理声明を詳しく分析していく必要はない。そこに挙げられている項目はさまざまだが、そのほぼすべてが、「原則」や「価値」として次のようなものをリストにしているからだ。

- 公平性
- 反差別
- 透明性
- 説明可能性
- 敬意
- 説明責任
- 正確性
- セキュリティ
- 信頼性
- 安全性
- プライバシー
- 慈善
- ヒューマン・イン・ザ・ループ〔あるシステムの中に人間を組み込み、人間からのフィードバックを行うことで、そのシステムを機能させたり安全

を守ったりしようとする発想〕、人間による管理・監視、人間中心設計

AI倫理声明では通常、組織がこれらのことを重視していると言ったときに何を意味するのかについて、1つか2つの文が添えられている。実際の例を紹介しよう。

- 多様性、差別の排除、公平性。BMWグループは人間の尊厳を尊重しているため、公正なAIアプリケーションの構築を目指しています。これにはAIアプリケーションによるコンプライアンス違反の防止も含まれます(1)。
- 透明性。私たちは、お客様とAIのコミュニケーションにおいて、またお客様のデータの使用に関して、透明性を確保します(2)。
- データ保護とプライバシー。データ保護とプライバシーは企業の必須条件であり、すべての製品・サービスの中核をなすものです(3)。私たちは、当社のAIソフトウェアにおいて、お客様のデータおよび匿名化されたユーザーデータを、どのように、なぜ、どこで、いつ使用するかを明確に伝えます(4)。
- 説明責任。私たちは、フィードバック、説明、アピールのための適切な機会を提供するAIシステムを設計します。当社のAI技術は、人間の適切な指示とコントロールに従います(5)。

これは良いスタート地点になると述べた。しかしここでも他の要素と同様に、実行がすべてであるため、これだけでは少し弱い。

問題は、ここに書かれていることが間違っているとか、倫理的な問題点があるとかということではない。このような声明は、AI倫理リスク軽減基準を自分たちのAIを取り巻く仕組みに取り込むことに真剣に取り組んでいる組織にとって、別段、有益なものではないのである。私は「AI倫理原則に

ついて社内で強い合意が得られた」という企業から何度か相談を受けたことがある。合意に至ったという原則は、先ほど引用したような内容だった。しかし彼らはその後、原則を実践する際に壁にぶつかってしまったのである。AI倫理声明ができた後で、「倫理委員会は必要なのか？」や「製品開発者に『AI倫理・バイ・デザイン〔設計段階からAI倫理を確保するための方策〕』に取り組むよう指示すべきか？」、あるいは最終的に（ただし常に問われる）「これをどうやって重要業績評価指標（KPI）に変えるんだ?!」といった質問に答えるためにはどうすればいいのだろうか？

しかしいま構造やプロセス、実践について語ろうとするのは早計だ。AI倫理声明を実践に移そうとする企業が問題に直面するのは、この種のリスト（「フレームワーク」という心地よい企業用語で表現されることもある）が多くの課題を抱えていて、役に立たないからである。

標準的なAI倫理声明が抱える4つの問題点

問題点1　コンテンツとストラクチャーを混同してしまう

コンテンツとストラクチャーの区別は、目標と戦略あるいは戦術の区別とほぼ対応しており、目標と戦略の区別ができない場合は混乱するだけでなく、悪い決定を下して悪い結果を招くことになる。たとえば、初めにこれらをしっかりと把握できていなかったせいで、戦略のために目標を犠牲にしてしまった、といったことも起きるかもしれない。

たとえば説明責任について考えてみよう。これはほぼすべてのAI倫理声明に登場する。しかし説明責任を果たすこと、というよりも、製品開発や導入に携わる特定の人々が、AIの影響について説明責任を果たすようにすることは、それ自体が倫理的な目標というわけではない。それは倫理的なAIを展開する可能性を高めるという、目標に到達するための戦略である。特定の人に説明責任を負わせる、たとえば役割に応じた責任を負わせることは、何らかの問題が見過ごされてしまう確率を減らすための方法だ。だから仮に、問題の見過ごしを防ぐことができ、その方法が誰の説明責任も必要としないほど上手くいったとしたら、人々に説明責任を負わせなくてもいい（もちろん実際にそうなることはないだろうが、こう考えることで、説明責任が目標ではなく戦略であることが分かる）。

問題点2　倫理的価値とそれ以外の価値を混同してしまう

AI倫理を考える際、あなたが支持する価値や原則は、倫理的なものであるべきだ。しかしそうしたリストには、倫理とは関係のない価値も含まれている。

たとえばセキュリティと正確性について考えてみよう。前者はさまざまなサイバー攻撃を防止・防御するためのセキュリティの領域を指し、後者はAIモデルを開発するエンジニアの目標を指す。

こうした要素を含めることは、前述のように「AI倫理」から「責任ある」あるいは「信頼できる」AIへと話をスライドさせるのに等しい。原則としては、これに問題はない。しかし実際には、倫理的な問題が後回しにされる傾向がある。私がこれまでしてきた会話は、こんな感じだった。

「AI倫理のリスクプログラムはありますか？」

「ええ、私たちは責任あるAIを真剣に考えていますので」

「素晴らしい！　それについて、どのような活動を行っているのですか？」

「ええとですね、モデルのテストやモニタリングを何度も行っていますし、データドリフトやオーバーフィッティング（過学習）などのチェックも行っています。製品開発プロセスにセキュリティへの対応を組み込み、モデルのアウトプットが説明可能であることを確認しています」

「なるほど。では、特にAI倫理に関してはどのような対応をされているのでしょうか？」

「AI倫理についてですか？　そうですね……説明可能性に関するものだけだと思います」

「分かりました。つまりあなた方の『責任あるAI』プログラムとは、主にエンジニアリングとセキュリティの観点から、開発したモデルがどれだけ上手く機能するかについてであって、たとえば差別的なアウトプットやプライバシー侵害など、AIを使った特定のユースケースで発生し得るさまざまな倫理的リスクや評判リスクには特に焦点を当てていないようですね」

「ええ、その通りだと思います。そういった点をどうしたらいいのか、よく分からないのです」

問題は「責任あるAI」や「信頼できるAI」のような考え方にあるのではない。加えてAIモデルや、そのトレーニングに必要なデータ、モデルがアウトプットするデータをサイバー攻撃から守ることは、企業が信頼を得るために絶対に必要であり、それは開発者が正確なモデルと信頼できる製品を開発するためにも必要だ。問題は、倫理やサイバーセキュリティ、エンジニアリングを一緒くたにして、責任ある開発と導入という1つの話にしてしまうと、AIの倫理的リスクという旅において、自分たちがどこにいて、どこを目指すべきなのかに関する人々の考え方や意思決定が混乱してしまうという点である。もしこれらをひとまとめにせず、個別に処理する必要がある別々の存在として話をすれば、人々は「責任あるAI」の指標で高いスコアを獲得できたのは主にエンジニアリングに関する指標で必要以上の努力をした結果であり、倫理的リスクの緩和プログラムの（そこでは努力が欠けていたかもしれない）結果ではないことに気づき、それぞれに対応するようになるだろう。

もうひとつの現実的な問題は、（詳細については後述するが）AI倫理声明がより総合的なAI倫理リスクプログラムの始まりとなるものであり、それが効果的に展開されている限り、組織のシニアリーダーがこのプログラムのオーナーにならなければならないことである。オーナーとなったシニアリーダーは、プログラム内の価値観を実現させる人々に対して権限を持つことになる。しかし1人のシニアリーダーが、AI倫理とAIサイバーセキュリティ、さらにAIエンジニアリングあるいは製品開発のすべてを担当することは稀だ。そのため、シニアリーダーに権限を与える一貫したプログラムを規定することで、倫理声明はより有効なものになる。言うまでもなく（というより、他で言うべきことではあるが）、最高情報セキュリティ責任者のようなシニアリーダーはAIインフラを攻撃から保護するよう努め、最高データ責任者は正確でモデルを信頼できるものにするよう努めるべきである。

問題点3　道具的価値と非道具的価値を混同してしまう

何かに道具的価値があるとき、それは良いことであり、その理由は他の良いものをもたらすからだ。ペンには道具的価値があるが、それはペンが物事を書き留めるのに役立つからであり、それによって何かを記憶したり、成し遂げたりするのに役立つからである。有名になることに道具的価値があるとしたら、それによって高級レストランを予約できるようになるからである。投票には道具的価値があるが、それは人々の意志を表明するのに適した方法であり、自分たちがどのように統治されるかに大きな影響を与えるからである——こんな具合だ。

非道具的価値とは……読んで字のごとしだ。非道具的価値のものとは、それ自体が良いもの、それが持つ目的自体が良いもの、本質的に良いものなどである。非道具的価値とはいったい何なのだろうか？　これについては倫理学者の間でも意見が分かれるが、快感と苦痛はその良い候補であり（なぜ快感が良く、苦痛が悪いのか？　それは分からない……ただそうなのだ！）、幸福や有意義な人生、正義、自律性も同様だ。

道具的価値と非道具的価値の関係は非常に明確で、非道具的価値は、他のものが道具的価値を持つ理由となる。たとえば私たちが運動を道具的価値とするのは、それが健康に役立つからである。健康そのものも道具的価値である。なぜなら、健康は痛みを伴う病気を避けるのに役立つからだ。では、なぜ私たちは病気による痛みを避けたいのだろうか？　それは病気を回避することで、さらなる何かが得られるからではない。むしろそれは、私たちが痛みを、非道具的価値の観点で価値のないものと見なしているからである[(6)]。とはいえ、道具的価値と非道具的価値の両方を持つものもある。たとえば素晴らしい人生を送ることは非道具的価値であり、またそれは他の人々も素晴らしい人生を送れるように影響を与えるという点で、道具的価値がある。

この区別は、AIの倫理的価値の内容を明確に考える上で重要だ。特に、道具的価値のために非道具的価値を犠牲にすることは、倫理的に問題であると同時に、ある種の愚かな行為と言える。残念ながら、標準的なAI倫理の声明では、それが頻繁に起きている。たとえば次のケースを考えてみよう。

- ヒューマン・イン・ザ・ループ、人間中心設計、人間による管理
- 透明性
- 説明可能性

ヒューマン・イン・ザ・ループ

人間（ヒューマン）がループに入るというのは、人間の意思決定者が、AIのアウトプットと影響力のある最終決定の間に立つということを意味する。たとえばAIが「あの人をクビにしろ」と言ったら、人間がそれを考慮した上でどうするかを決めるようにしたいと思うだろう。AIが誰かを自動的に解雇してしまうことは避けたいはずだ。しかしなぜ人間がループに入る必要があるのか？　おそらく、本当に悪い結果を防ぐためには、そうした人間の（感情的な）知性と経験豊かな監視が重要だと考えるからだろう。言い

換えれば、その人間は、AIがうまくいかなくなったときに起こる悪い事態を食い止めるという、一定の機能を担っている。彼らは道具的価値を持つ場合があり、人間をループに入れること自体が目的ではない。したがって、「ヒューマン・イン・ザ・ループを実現することが自分たちの求める価値のひとつである」と言うと、おかしなことになってしまう。

仮にヒューマン・イン・ザ・ループよりも優れたAI監視方法が見つかったらどうなるだろうか。たとえばあるAIが別のAIのアウトプットをチェックするとしよう。そしてその監督AIが人間よりも優れていたとする（人間では監督対象のAIのアウトプットが速すぎて追い付けないなどの理由で）。その場合、優れたAIよりも人間を優先することは、可能な限り倫理的アウトプットを倫理的に安全なものにするという目標にとって逆効果となる。人間をループに入れることが価値のひとつであると主張する危険性は、こうした意思決定を行ってしまう可能性がある点にある。倫理的安全という目標と、その目標を達成するための戦略であるヒューマン・イン・ザ・ループを混同してしまうのだ。

透明性

透明性とは、あなたが他者とのコミュニケーションをどのくらいオープンかつ正直に行っているかということで、そこにはたとえば開発したAIのユーザーに対して、それがどのようなデータを集めているのか、集めたデータで何をするのか、そもそもAIが利用されているという事実についてどのていど明確にコミュニケーションしているかといったことも含まれる。透明性は道具的価値か、それとも非道具的価値か？　透明性を実現することは、良い結果につながるのだろうか、それともそれ自体が良いことなのだろうか？

私の考えでは、透明性は道具的価値である。

透明性は信頼を得るための戦略の一環だが、それは自分が信頼に値するからこそだ。倫理的に行動することは信頼をもたらし、非倫理的に行動することは信頼を破壊するため、AIを倫理的に導入することは、信頼を獲得するための全体的な取り組みに不可欠である。

あなたのゴールは、単に信頼を獲得することではない。詐欺師は信頼を得るのが非常に上手い。他人を操るのが上手なことは、人の信頼を得ることと通じる部分があるのである。しかし人の道に反する手段で他人からの信頼が得られたとしても、信頼に足る人物になれるわけではない。しかもそれは非常に不安定な状態であり、しばらくは逃げ切れたとしても、いずれバレてしまう。ペテン師が一か所に留まらないのは理由があるのだ。

信頼に足る存在になるには、信頼を得るだけではだめだということに気づいてほしい。また自分がしていることを人に伝えなければ、実際の行いに鑑みて自分が信頼に値する存在であることを分かってもらえない。言い換えれば、まずは自分の倫理的行いを正せということである。そうすれば、信頼に足る人物になれる。それからその倫理的行いについて伝えるのである。そうすることで信頼を得られるが、それはあなたが他人を操ったからではない。透明性が良いことであるのは、それが信頼を築くもの、つまり信頼を築く手段であるからだが、それにはあなたが信頼に値する、あるいは信頼を得るような行動を取っていることが条件となる[(7)]。

説明可能性

第３章で解説したように、敬意を示すために説明可能性が重要になる場合もある。これは説明を道具的価値と見なす場合だ。しかしそれ以外にも、全く説明を提供しないこと（インフォームドコンセントを得た上でブラックボックスを使用する場合など）、あるいは説明することが有用であるという理由だけで説明を行う（バイアスの特定や消費者が製品を使いやすくするためなど）ことも倫理的に許される。

「敬意」を価値のひとつとしてリストに掲げ、場合によっては、その敬意を表現するために説明が必要となる条件を列記することには意味があるものの、価値として「説明可能性」を挙げることにはあまり意味がない。結局のところ、もしあなたの倫理声明が損ないたくない価値や破りたくない原則を明確にしていても、説明可能性が重要になるのがときどきなのであれば、特定のモデルに対して説明可能性を優先させないことが合理的なときは必ず、すべてを説明可能にするという馬鹿げた標準に従うか、表明した原則に違反することになってしまう。要するに、説明可能性を価値のリストに含めるのは馬鹿げており、そのせいで他の目標を不必要に犠牲にする可能性がある（説明可能性を優先するあまり、がん診断AIの精度が犠牲になるなど）という点で、潜在的な危険性がある。またそれは、説明を必要としないものを説明することに多くの時間を費やすようになるという点で、極めて非効率的でもある。

問題点4　価値の表現が抽象的過ぎる

標準的なアプローチの第4の問題は、最も重大なものだ。こうしたアプローチがつくる原則は、何をすべきかをいっさい教えてくれないのである。

この点に関する私のお気に入りの例は、公平性という価値だ。それはあらゆるAI倫理声明に見られる。誰も不公平なAIなど持ちたくはなく、それは本当に問題をはらむ存在である。「公平」という価値は非常に広範囲に渡るもので、クー・クラックス・クランですらそれを支持している。クー・クラックス・クランのメンバーに「あなたは公平性に賛成する？　正義を重んじる？」と尋ねたら、「もちろん！」という答えが返ってくるだろう。もちろん彼らの考える公平・公正と、あなたの組織の考える公平・公正は大きく異なる（と願いたい）。しかし誰もがそれに同意できるという事実は、それが実際には何をすべきかについて何も示していないということを表している。

他のほとんどの価値についても同じことが言える（たとえばグーグルはAI倫理原則のひとつとして「社会的に有益であること」を誇らしげに宣言している。しかし倫理学者の目から見ると、どのような益が誰に、どの程度、どのくらいの期間や頻度で与えられるべきかという点が際立って欠けている)。そしてどのような疑問が残っているかを見れば、そうした価値がいかに浅はかなものであるかがわかるだろう。ここでは、それらの疑問の一部を紹介する。

- 何がプライバシーの侵害に当たるのか？
  - 当社のAIは、ボブを含む何十万人もの人々から大量のデータを集め、そのデータを匿名化して利用し、ボブが自分のデータが使われたことを知り得ない形で機械学習を行うかもしれない。さらにボブのデータは大規模なデータセットの中にあるので、誰もボブについて知ることはない。当社はボブのプライバシーを侵害したと言えるだろうか？　もしボブが、すべてについて法律用語で解説されている利用規約の画面で、「同意します」をクリックしていたらどうだろうか？　それは倫理的な観点から見て、同意なのだろうか？

- プロダクトデザインにおいて、誰かを尊重するとはどのようなことだろうか？
  - 「買う側が気をつけろ」と「何かあれば任せとけ」のどちらの態度で臨むべきか？　人間は誘惑に直面しても自由に選択できる、自律的で合理的な存在であると仮定すべきか？　それとも、製品デザインの選択によっては自律性を損なわせる一種の誘惑を生んでしまうため、そうしたデザインの選択を禁じるべきなのか？

- どのような場合に差別と見なすのか？
  - 第2章において、この問いが複雑で、他の多くの問いを生み出すことを解説した。どのような場合に、それぞれのサブグループに異なる影響が及んでも倫理的に許容されるのか？　あるユースケースにおいて、公正さを示すさまざまな指標のうち、どれが適切かをどのように評価すればいいのか？　現在の反差別法を考慮した場合に、どのようにアプローチすればいいのか？

わかりやすく言えば、もし自分たちの価値を重視し、それを行動の指針としたいのなら、「公平」、「プライバシー」、「敬意」といった言葉を口にするだけでは不十分なのである。

優れたコンテンツが取るべき行動を示す

私たちは、倫理的なリスクを軽減する基準を、AI製品の開発と導入に組み込みたいと考えており、それには倫理基準を運用に移すという旅の目印、倫理の「北極星」とでも言うべきものが必要だ。一般的に、人々は先に挙げたような一連の価値を掲げ、「これをどう運用に移すか？」と問いかける。そして明確さが欠如していること（3つの混同）と実質が欠如していること（抽象的すぎる価値）により、行き詰まってしまう。しかしこれらは解決可能だ。コンテンツとストラクチャーを分離し、倫理とそれ以外を区別し、価値を具体的に表現すればいいのだ。

ここでは、まさにそのための4つのステップを紹介する。

ステップ1　倫理的な悪夢について考えることで、価値を明らかにする

私たちはAIの倫理的リスクの軽減に取り組んでいることを忘れないようにしよう。私たちは、少なくとも最優先の目標として、バラ色の理想を実現するために骨を折っているわけではない。とはいえ、時として良い防御は良い攻撃となり、目標を肯定的に表現することは理にかなっている。私たちが避けようとしている「非価値」ではなく、私たちが目指している価値を表現

するのである。その際、避けたい倫理的な悪夢に照らし合わせて、その価値を明確に表現することも可能だ。

あなたが直面する倫理的悪夢の特徴は、所属する業界や、所属している組織の種類、物事を進めるために顧客や消費者、その他のステークホルダーとの間に築く必要のある関係などによって左右される。ここでは3つの例を挙げて考えてみよう。

- あなたが医療機関に勤めていて、AIを使って医師や看護師に対して治療法の推奨を行っており、（命にかかわる）病気の診断で偽陽性や偽陰性が頻発することが倫理的悪夢であるなら、害を与えないことがあなたにとって価値となる。
- あなたが金融機関に勤めていて、AIを使って投資に関するアドバイスを行っており、顧客が騙される（と感じる）ことが倫理的悪夢であるなら、明確で正直、かつ包括的なコミュニケーションがあなたにとって価値となる。
- あなたの勤める会社が、世界中にいる何億人もの人々の間のさまざまなコミュニケーションを促進するソーシャルメディアプラットフォームを運営しており、民主主義を損なう可能性のある誤った情報や嘘の拡散が倫理的悪夢であるなら、（合理的に考えて）真実だと思われる主張がコミュニケーションされることがあなたにとって価値となる。

具体的な悪夢によって、尊重や公平、透明性といった抽象度の高い価値よりも、明確に定義された価値が浮かび上がっていることに注目してほしい。金融機関の例では、単に「私たちは顧客を尊重する」と言うこともできたのである。しかし顧客を尊重しないという倫理的悪夢は、物事の本質を浮かび上がらせた。そうした倫理的悪夢は、組織が誰かを尊重することにどのような形で失敗するかを浮き彫りにするのである。そして誰かを尊重することに失敗するパターンを具体化することで、組織にとっての尊重とは何かについて、より詳しく語ることができるようになる。尊重とは、少なくとも部分的には、自分が推奨することについて明確かつ正直で、包括的なコミュニケーションを行うことを意味する。それは真実、完全なる真実、そして真実のみを伝えることである。

ステップ2　自分のしていることがなぜ大切なのか、
組織の使命や目的につなげて説明する

これができないと、倫理的な目標や悪夢は、既に完成した製品に後から取って付けたようなものになってしまう。もしAI戦略や製品のライフサイクルの全体にわたって倫理的なリスク軽減基準を織り込もうとしているなら、それはすべて組織が掲げるミッションのために行われるものであり、倫理的価値がそのミッションの達成にいかに不可欠な要素であるかを示す必要がある。それができなければ、従業員はそれを「必要なもの」ではなく「あったら良いもの」と考えるようになり、AI倫理リスクプログラムが脇に追いやられ、倫理的リスクが顕在化することになるだろう。ミッションと倫理的価値を融合させるというのは、次のような形になる。

- まずなにより、私たちは医療機関だ。私たちはこの地球上で最も神聖なもののひとつである「人の命」を預かっている。具体的に言えば、私たちの患者の一人ひとりが、できる限り最善のケアを受けられると信じている。スピードと規模は重要だが、医療の質を下げてまでそれらを追求することは決して許されない。
- 私たちは金融のプロフェッショナルだ。人々が私たちにお金を預けるのは、私たちが彼らの財産を守り、増やすことを期待しているからである。それは顧客自身や、その家族が一生懸命働いて手に入れたお金だ。そしてそれは、子供の学費や保育費、老後の生活のための資金、命にかかわる手術の費用、家族旅行や一生に一度の世界旅行のためのお金である。私たちの顧客は、彼らにとって価値のある人生を送るために必要な手段を私たちに委ねているのだ。その信頼を裏切ることがあってはならない。金融という複雑な世界の仕組みを自分より理解している人々に利用されている、と感じるようなことがあってはならない。私たちは顧客に投資を勧めるだけでなく、それを伝える際にも、真摯な態度で臨まなければならない。

- 私たちは、何億人もの人々のつながりと会話を促進するプラットフォームだ。そのようなコミュニケーションは素晴らしいもの、少なくとも良識あるものになり得る。しかし時には、プロパガンダや嘘、その他の欺瞞によって、悲惨な結果がもたらされることがある。そうしたコミュニケーションを可能にする私たちは、人々が自分の周囲にある世界について何を信じるようになるか、そしてそれが彼らの行動にどのような影響を与えるかについて、重要な役割を果たすことになる。人々のコミュニケーションは私たちの口から発せられるものではないからといって、それに無関係であるかのように装うことはできない。そうしたコミュニケーションを人々の前に差し出しているのは、私たちだ。彼らの前に嘘を出さないというのが、私たちの責任である。ユーザー個人を守るだけでなく、社会全体を悪化させることはしないという義務がある。誤った情報が日常的に流れるとどうなるか、私たちは既に見てきており、その結果を受け入れることはできない。

ステップ3　自分の価値と、倫理的に許されないと考えられることを結びつける

自分が何かに価値を置いていると口にすることはできるが、その発言に実体が伴うには、それに関連して、どのような行動を選択肢に含めないのかを明確にしなければならない。価値観は少なくとも、「倫理的許容範囲のガー

ドレール」を提供する。そのガードレールがどのようなものであるか、たとえば次のような形で、できるだけ具体的に説明する必要がある。

- **害を与えない**。私たちはAIを利用して、最高の医師による判断を上回らないように提案することは決してしない。
- **明確、誠実、包括的なコミュニケーション**。私たちは、常に明確かつ分かりやすい形でコミュニケーションを行う。これはたとえば、頭でっかちな人しか重要だと思わないような情報を、専門用語を多用した、文字だらけの長い文書などを通じて伝えることはしない、という意味だ。さらに、人々が知るべきときに知るべき情報を手に入れられるようにし、適切なときに、または定期的にその情報を思い出せるようにする。場合によっては、私たちが伝えた内容を顧客が理解できるように、クイズを出題することもある。
- **(合理的に考えて)真実だと思われる主張を伝える**。私たちは、急速に拡散されつつあると思われるすべての投稿にフラグを立てる。「急速に拡散されつつあると思われる」とは、1分間にx回の頻度で共有または閲覧されているということだ。フラグが立てられた投稿は、共有または閲覧される回数に制限が加えられ、1分間にy回までとなる。そして最低でも2人の担当者がその内容を確認し、誤った情報が含まれていないかどうか判断し、含まれている場合には、その誤情報が閲覧者のzパーセントに信じられたときの、人々が悪影響を受ける危険性を判断する。悪影響が出ると判断された場合、そのコンテンツが共有できないようにするか、投稿を削除する。さらに、そのようなコンテンツを週にx回以上投稿した場合、その人物のアカウントをy週間凍結する。2回目の違反があった場合はz年間、3回目の違反があった場合は永久に投稿禁止とする。

ステップ4　倫理的目標をどのように実現するか、あるいは倫理的悪夢をどのように回避するかを明文化する

さて、あなたが何を大切にしているか、それが組織のミッションとどのように結びついているか、そしてどのようなことが禁止されているかが分かったところで、これらを実現する方法を記述する必要がある。ここでの目標は、すべてを網羅することではない。最大限努力して、これから導入するストラクチャーを明確にすることだ。たとえば次のような具合だ。

- **責任**。私たちはこの問題に対して組織としての意識を高めるために、具体的に行動する。たとえば新しい従業員が入社する際や、セミナーやワークショップ、その他の研修やスキルアップツールを通じて、従業員の教育を実施する。またAI製品の開発・調達・導入に関わる全従業員に対し、そのAI製品が内部で使われるのか顧客に対して活用されるのかにかかわらず、賞与・昇給・昇進に関連しない職務別の責任を課す。上級管理者は、公に示されるKPIを使用して目標に対する進捗状況を追跡するなど、当社のAI倫理リスクプログラムを成長させる責任を負うことになる。
- **デューデリジェンス・プロセス**。私たちはAIの開発と調達のプロセス全体において、厳格な倫理的リスク分析に体系的に取り組む。
- **モニタリング**。私たちは、意図せぬ結果が確認される可能性を念頭に置いて、私たちの製品が与える影響をモニタリングする。

もちろんこれらは、まだ極めてハイレベルな内容だ。どの上級管理者がプログラムを推進し、どのようなKPIで進捗状況を把握するのか、誰がデューデリジェンスやモニタリングの手続きに携わるのかなど、役割ごとの責任の内容については何も語っていない。それでも、取り組んでいることについて大まかな内容が把握できるものになっている。

これまでに例として挙げた組織から、AI倫理声明の構成が見えてきただろう。どのような形になるのかが分かりやすいように、例のひとつである金融機関について、諸要素をつなげて再掲してみたい。

あなたにとっての価値――明確、誠実、包括的なコミュニケーション

- **理由（なぜこの価値を掲げるのか）**

私たちは金融のプロフェッショナルだ。人々が私たちにお金を預けるのは、私たちが彼らの財産を守り、増やすことを期待しているからである。それは顧客自身や、その家族が一生懸命働いて手に入れたお金だ。そしてそれは、子供の学費や保育費、老後の生活のための資金、命にかかわる手術の費用、家族旅行や一生に一度の世界旅行のためのお金である。私たちの顧客は、彼らにとって価値のある人生を送るために必要な手段を私たちに委ねているのだ。その信頼を裏切ることがあってはならない。金融という複雑な世界の仕組みを自分より理解している人々に利用されている、と感じるようなことがあってはならない。私たちは顧客に投資を勧めるだけでなく、それを伝える際にも、真摯な態度で臨まなければならない。

- **内容（この価値のために何をするのか）**

私たちは、常に明確かつ分かりやすい形でコミュニケーションを行う。これはたとえば、頭でっかちな人しか重要だと思わないような情報を、専門用語を多用した、文字だらけの長い文書などを通じて伝えることはしない、という意味だ。さらに、人々が知るべきときに知るべき情報を手に入れられるようにし、適切なときに、または定期的にその情報を思い出せるようにする。場合によっては、私たちが伝えた内容を顧客が理解できるように、クイズを出題することもある。

・　**手段（どうやって宣言したことを実現するのか）**

私たちはこの問題に対して組織としての意識を高めるために、具体的に行動する。たとえば新しい従業員が入社する際や、セミナーやワークショップ、その他の研修やスキルアップツールを通じて、従業員の教育を実施する。またAI製品の開発・調達・導入に関わる全従業員に対し、そのAI製品が内部で使われるのか顧客に対して活用されるのかにかかわらず、賞与・昇給・昇進に関連しない職務別の責任を課す。上級管理者は、公に示されるKPIを使用して目標に対する進捗状況を追跡するなど、当社のAI倫理リスクプログラムを成長させる責任を負うことになる。

理由、内容、手段はすべて、この架空の金融機関が直面する倫理的悪夢に合わせたものだ。手段はこの事例に固有のものではないが、社内外のステークホルダーに対して、目標をどのように達成するのか、その背景にはどのような考えがあるのかを明示することは、極めて重要である。

この方法で倫理的な目標を作成する利点

AI倫理声明・原則・価値・フレームワークなど、呼び方はどうであれ、この方法でコンテンツを掘り下げることにより数多くのメリットが得られる。

第1に、目標と戦略を定めることで、それに基づいて戦術を立て、場合によっては行動を起こすことができるようになる。いまあなたは、倫理的に許されないことに関連付けてコンテンツを明確にした。そしてそれをどのように実行に移すかという点について、既にある程度の考えがまとまっているはずだ。「私たちはクライアントを尊重し、常に誠実に行動します」などといった宣言を前にしても、いったいどうすればいいのか、と途方に暮れることはないはずだ。具体的な指示が書かれているわけではない。しかし「私たちは常に、明確でわかりやすいコミュニケーションを行います」という言葉は、すべきことを明らかにしている。コミュニケーションを行う前に、そしてAIを開発して顧客に情報を伝える際に、その情報が明瞭で分かりやすいものになっているかを確認するのだ。これをいつすればいいのか？　そして具体的にどのように実行すればいいのか？　その答えは各々の組織によって異なり、それぞれにぴったりな、倫理的な目標を達成するためのストラクチャーを構築していく中で出てくるだろう。しかし少なくとも、いま私たちには、何を達成しようとしているのかが分かっている。

事実この段階まで来ると、驚くなかれ、KPIはその姿を現しつつある。たとえばエンドユーザーに対して、自分たちのコミュニケーションがどれだけ明瞭で、分かりやすいと感じているかを尋ねるアンケートを実施できる（ただし「コミュニケーション」のような表現は使わずに）。テストグループを集め、彼らにコミュニケーションがどのていど明瞭で、分かりやすいと感じたか尋ねることもできる。あるいはAIを使用して、特定の文章を理解するために必要な読解力のレベルを確認できるかもしれない。これらはすべて、人々が大好きなものを提供してくれる——追跡可能な数字だ。私たちはそこに、コンテンツについて真剣に考えることでたどり着いたのだ。

第2に、自分の目指す価値が明確になったことで、自社の現状とあるべき姿を比較したギャップ分析が可能になる。また、現在のインフラストラクチャー、ポリシー、プロセス、人材の見直しをすることもできる。

第3に、こうした価値を明確にするプロセスに、組織全体から十分な人々が参加している（各分野の最高責任者レベルの人々だけでなく、組織内のより若い人々も含まれている）場合、組織の意識を高め、異なるスキルや知識、関心、経験、バックグラウンドを持つ多種多様な人々から知見を得ることができる。ここで特に重要なのは、人々に協力を求め、彼らの声に耳を傾け、その意見を踏まえて変化を生み出すことで、正当な賛同を得られるということだ。まるで神のお告げであるかのように組織のトップから押し付けられる、一連の原則に従わせられるよりもはるかに良い。協力を求められた人々は、自分たちが自社の価値を形成する役割を果たしたという正当な感情を抱き、AI倫理リスクプログラムに対して当事者意識をもつようになる。

第4に、何が倫理的に許されないかを明確にし、それが許されない理由を説明することで、倫理的に難しいケース（ある決定や行動、製品が組織のAI倫理に反しているかどうか明確でない状況）を考えるための重要なツールを人々に与えることができる。これについては倫理委員会について考えるときに詳しく述べるが、現時点では、なぜある行動が許されないのかや、なぜ組織はXという行動を取るのかといった説明は、正しい行動を見極めるのが難しいケースを判断する際に役立つ、とだけ認識しておいてほしい。

最後に、この文書はAI倫理における目標として社内で活用できるが、ブランディングや広報のために、外部に公開する文書として活用することもできる。この文書が価値に関する一般的な文書の表現よりもはるかに具体的である限り、より信頼性が高くなる。ただしこうした文書を作成し、組織の内外の人々と共有することは、大きな約束事となる。そう、それは約束なのだ。もしその約束を破れば、どれだけ信頼を失うか予想がつかない。

はたして約束を守れるだろうか？　次章でその方法を見ていこう。

まとめ

- AI倫理に関する目標を設定する際に一般的に取られるアプローチは、次の4つの問題を抱えている。
  - コンテンツとストラクチャーを混同してしまう。
  - 倫理的価値と非倫理的価値を混同してしまう。
  - 道具的価値と非道具的価値を混同してしまう。

– 価値の表現が抽象的過ぎて行動に移せない。

- より優れたアプローチは、次の4つのステップを経るものである。
  – ステップ1　倫理的な悪夢について考えることで、価値を明らかにする。そうした悪夢は、あなたが属する業界や組織の種類によって異なるほか、クライアントや顧客、その他のステークホルダーなど、事業の成功に欠かせない人々との関係によって異なる。
  – ステップ2　自分のしていることがなぜ大切なのか、組織の使命や目的につなげて説明する。
  – ステップ3　自分の価値と、倫理的に許されないと考えていることを結びつける。
  – ステップ4　倫理的目標をどのように実現するか、あるいは倫理的悪夢をどのように回避するかを、ハイレベルな形で明確にする。

- このより優れたアプローチには、次の5つの利点がある。
  – 目標と戦略が明確に定義され、KPIもほどなく決定できるようになる。
  – そうした倫理的価値に照らし合わせて、ギャップ分析が可能になる。
  – 正しい方法で行えば、組織全体から知見を得て、組織的な意識を高め、組織からの支持を得ることができる。
  – 倫理的に難しい事例を解決するためのツールを作成できる。
  – ブランディングやPRに使える、人々からの信頼を集める文書を作成できる。

第6章
経営陣が到達すべき結論

AI倫理声明は良い出発点となるが、それは氷山の一角に過ぎない。

AIのユースケースが現れるたびに、あなたの組織はさまざまな倫理的な問いに直面する。その中には、次のように、私たちが既に慣れ親しんでいるものも含まれている。

- バイアスの測定基準が複数あるとして(それらの間には互換性がない)、どれが倫理的に適切か?
- 最も効果的なバイアス緩和戦略は何か?
- 説明可能性は重要か? 重要だとしたら、モデルの精度に対してどのていど重要か?
- AIが発見した、インプットをアウトプットに変換するルールは、良いか、合理的か、公正か、公平か?
- 私たちはどのようなレベルのプライバシーを目指すべきなのか?

しかしバイアス、説明可能性、プライバシーに関する倫理的リスクの課題は、組織がAIを使用したときに直面する、倫理面におけるリスクとチャンス全体のほんの一部に過ぎない。ユースケースが異なれば、倫理的リスクも異なる。また、次のような疑問にも直面することになるだろう。

- ユーザーに過度な負担を強いることにならないか？
- 私たちがAI用に用意したこのビジネスモデルは、倫理的に好ましくない（富の）不平等をもたらすだろうか？
- このAIによって、私たちや私たちのユーザーが誰かを操ることにならないだろうか？
- この問題を解決するのは私たちの責任なのだろうか？　私たちのクライアントの責任ではないのか？
- 私たちはXという目的のためにこのモデルを開発したが、Yという目的のために使うことも倫理的に許されるのか？
- 誰かを雇う際にこのソフトウェア（感情分析など）を使うことは、敬意が欠けていると受け取られるか？
- AIをいつ、どのていど使っているのかについて、どのていど明らかにすべきか？
- モデルのアウトプットと、AIによる「判断」の対象者に対するアクションとの間を人間が取り持つ必要があるか、それとも完全に自動化できるか？
- 私たちの業界や組織の特殊性から、特に注意しなければならないAI倫理リスクはあるか？

AIを開発・調達・導入している、あるいはしようとしている組織があり、あなたがその上級管理職を務めているとしよう。いまあなたは「いったいこうした問題にどう対処すればよいのだ？」と悩んでいることだろう。この問題についてしばらく考え、他の人々と議論した後であなたは、次の7つの結論に達するはずだ。

1. 自分たちのAI倫理基準を明確なものにする必要がある。
2. データサイエンティスト、エンジニア、プロダクトオーナーに、これらの問題を認識させる必要がある。実際、組織内でAIを開発・調達・導入する可能性のあるすべての人々（人事、マーケティング、戦略などの担当者を含む）が、認識しなければならない。そのためにはトレーニングを行うだけでなく、そのトレーニング内容が浸透するような社内文化を醸成することも必要だろう。
3. 製品開発チームに対して、彼らが取り組んでいる製品の倫理的リスクについて考えるためのツールを提供する必要がある。また、製品開発チームと調達担当者の両方が遵守しなければならない、明確なプロセスと慣行も必要になる。
4. それと同時に、これらの問題は複雑であり、標準的なプロセスや慣行、ツールは有用だが防御の第一段階に過ぎないことを認識する必要がある。倫理、評判、規制、法律に関するリスクに真剣に取り組むには、専門家を仲間に加えなければならない。製品チームにそのような専門家を加えるか、あるいはより可能性の高い方法として、関連する専門家に指導を仰ぐ必要がある。
5. スタッフはこうしたツールを使う際に、定められたプロセスを遵守する責任を負う必要があり、問題があった場合には賞与の減額、昇進の中止、解雇などのペナルティが課せられる。それに関連して、これらの問題に真剣に取り組むような金銭的インセンティブを与えるか、少なくとも、倫理的なリスクを軽視するような金銭的インセンティブを与えないようにする必要がある。
6. こうしたことを実行するにあたっては、組織がこれらの新しい基準をどのていど採用しているか、そしてこれらの基準を満たすことによって、対象のリスクがどのていど特定され、軽減されているかを追跡できるようにする必要がある。そしてKPIを伴う、明確に定義された

AI倫理リスクプログラムが必要となる。

7. 経営幹部の誰かが、これらすべての活動のオーナーとなる必要がある。その人物は、AI倫理リスクプログラムの作成、展開、および維持を監督する責任を負わなければならない。

これらの7つを実現することが、AIの倫理的リスクを特定し、軽減する方法となる。それこそあなたのAI倫理リスクプログラムであり、あなたのストラクチャーだ。

それぞれの結論について掘り下げていこう。ハイレベルに考えているときには簡単に思えるかもしれないが、ここでも他と同様に、悪魔は細部に宿るのである。

AI倫理基準

前章のアドバイスに従って作成されたAI倫理声明があるとしよう。それは強固なもので、あなたが掲げる価値と、組織が許容できないと考えているものを結びつける。しかし「絶対にしないこと」と「必ずすること」の間には、数多くの「するかもしれないこと」が存在する。そのような問題に対処する方法が、組織には必要となる。確かにAI倫理声明が十分に強固であれば、こうした問題に取り組む助けとなる。しかし結論を出すのが難しいケースについて事前に考えておくことで、さらに大きな一歩を踏み出すことができる。

法律にも倫理にも、グレーゾーンが存在する。法律上許されそうだが、表面的には互いに矛盾する法律があるため、明確でないケース。倫理上許されそうだが、まったく逆の方向を向いた倫理的な議論があるため（たとえば少数派の権利対多数派の利益）、明白でないケース。法律や倫理の原則だけでは、明確な指針が得られないケースなどである。

どちらの分野でも、難しいケースについて考える場合、既に合理的な判断が下されている他のケースからの類推に頼るのが普通だ。弁護士であれば過去の判例に頼る。たとえば、あるケースで正当防衛に十分な法的正当性があると裁判所が判断したのなら、少し異なるものの十分に類似している別の新しい種類のケースでも、同じ結論が得られると訴えることができる。米国の最高裁判所は、（理想的には）まさにこのように機能する。その審議は、少なくとも部分的には、法の適切な解釈と適用を支援することを目的とした、既存の判例法を考慮することで成り立っているのである。

倫理学者も同様の考え方をする。ある状況である人物を助けるのが倫理的に求められているのであれば、別の同じ状況で別の同様の人物を助けるのも倫理的に求められる、といった具合だ。2つの状況は若干異なるものの、十分に類似しているので同じ結論を下すに値する、というわけである。

難しいAI倫理リスクのケースに対処する際には、「倫理判例」を頼るのがいいだろう。もちろん私たちが扱っているのはAI倫理リスクなので、法律における判例を使うわけにはいかない。それはAIの法的リスクと重なる部分はあるが、同一ではない。しかし自らの業界、そして組織に合わせた、独自の倫理判例を構築することが可能だ。

その詳しい方法はさまざまだが、簡単に言えば、自社が過去に直面した実際のケース（あるいは自社によく似た他の企業が直面したケース）、あるいは遠くない将来に現実になる可能性が高いと思われる架空のケースを検討するということである。その後で、「そのAIを導入することは当社のAIに関する倫理的コミットメントと両立するか？」や「そのAIを開発するよう私たちに依頼したクライアントに何と伝えるか？」といった全体的な質問をするといい。またより具体的な質問、たとえば「この想像上のAIのユースケースでは、公正さの指標としてどのようなものが適切か？」や「この製品にとって説明可能性はどのていど重要か？」、「このAI開発で到達すべきプライバシー倫理レベルは？」といった質問をすることもできる。そしてそのようなケースにおいて、なぜ一定の結論に至ったのかを詳しく説明したいと思うだろう。それこそが、本番が到来したときに訴えるべき論理や結論である。

この取り組みを始めるのは、実はとても簡単なことだ。私はクライアントと一緒にAI倫理声明を作成する際、演習のひとつとして、さまざまな声明をチームメンバーの前に提示し、彼らにそれを評価するか否かを示してもらう。たとえば「私たちは、皆さんのデータを決して第三者に売りません」や「モデルを開発する際には、常にしっかりとした倫理的デューデリジェンス・プロセスを実施します」、「私たちはサービスの契約者に関する、ある種の情報（支持政党や性的嗜好など）については、収集あるいは推論しません」といった具合である。

提示された多くの声明に対し、コンセンサス、あるいはコンセンサスに近いものが得られ、それがクライアントのAI倫理声明に反映されるのだが、必ずと言っていいほどチームの意見が分かれる声明がいくつか出てくる。「このケースではそうかもしれないが、他のケースについては違う」や、「クライアントからこうするように頼まれたら、どうなるかわからない。もしかしたらするかも？　あるいはもうやっているだろうか？」といった意見が出てくるのだ。

そうした反応が起きる声明は物議をかもすものであるため、一般的にはAI倫理声明には盛り込まれない。しかしいずれ、そうした厳しい問題に直面することになる。それこそ私が意見の対立する声明を取り上げ、検討する理由だ。異論や反論を整理し、倫理的な概念や問題を明確にして混乱が生じないようにして、到達した結論の理由を明らかにする。そうすることで、組織内における倫理判例集を作る上で大きな一歩を踏み出せるのである。

なぜ実際に問題に直面するまで検討を待たないのか、と不思議に思うかもしれない。問題が発生するまで待って、それから対応するという形にしないのはどうしてだろうか？　そこには2つの理由がある。

第1に、難問に取り組むことと、難問に上手く取り組むことは別の話だ。

そうしたケースを効率的に、冷静に、効果的に考え抜くことは、開発しなければならないスキルである。鍛えなければならない筋肉なのである。なぜ実際に倫理的問題に直面するまで待たないのかと問うのは、なぜ試合の前にアスリートはトレーニングをしなければならないのかと問うようなものだ。

第2に、倫理的な検討は、さまざまな理由で正しく行われない可能性がある。アリストテレスは、快感への依存と苦痛への嫌悪が、倫理的問題に対して混乱した思考を引き起こしがちだと指摘した[(1)]。X は正しい行いだが、苦痛を伴うとき人は「X は間違っているのですべきではない」と結論付けてしまうのである。痛みを嫌うあまり、自己欺瞞や正当化をしてしまうのだ。個人にとっての苦痛と快感に等しいのが、会社にとっての損益（さらに従業員のレベルでは昇進や昇給）であり、それが倫理的思考を混乱させる。あるAI を導入するのが、自分たち自身の倫理基準に照らし合わせて許されないことであっても、その AI の導入が倫理的に許されると結論付けてしまうのである。私たちは利益やボーナス、昇進、あるいは単にこのプロジェクトを終わらせたいという欲望に惑わされ、自分たちが確固たる倫理的基盤の上に立っていると思い込んでしまうのだ。

倫理判例を作るとき、すぐにお金が目の前に現れることはない。アリストテレスが言及した欲望の熱が、私たちの判断を鈍らせることはない。漫画では頭にドルマークが浮かぶなどというシーンが描かれるが、そのようなことのない、頭が冷静になっているときに検討ができるのである。

完成した倫理判例は、さまざまな人々がさまざまな方法で利用できる。製品チームは、AI を開発する際にそれを利用できる。専門家（上記の5番目の結論で言及）や上級管理者（7番目の結論で言及）は、困難なケースに取り組む際に利用できる。さらにAI 倫理基準を組織全体に伝え、従業員をトレーニングし、スキルアップさせる担当のチームも利用できる。AI 倫理声明と倫理判例が強固なものであればあるほど、より容易かつ効率的に、それを理解して組織の倫理的な目標へ向かって進むことができる。

組織の認識

多くの経営者は、AI倫理は技術者が解決すべきものだと考えている。その考え方が誤っていることは、既に本書で解説してきた。AIの倫理的リスクは、技術的な解決を望めるものではない。もうひとつのよくある思い込みは、AI倫理はほとんどの場合、技術者と製品チームだけが考えていればいい、というものである。人事部やマーケティング部、その他の部署の問題ではない、というのだ。こうした考え方も払拭する必要がある。

本書ではここまで、AIの開発や調達を行った結果として現れる、皆さんの組織を脅かすAI倫理リスクについて言及してきた。AIを調達するのは誰か？　AIはいまや、組織内のあらゆる部門で調達されるようになってきている。たとえば人事領域のAIを提供するベンダーが爆発的に増えており、その営業担当者からのメールが人事担当者の受信ボックスに溜まるようになっている。広告やマーケティングの領域についても同様だ。AIの普遍的な普及は、AIがあらゆる業界のあらゆる部署で導入され得ることを意味する。

あなたの組織の人事部長は、アマゾンが開発した採用AIにバイアスが発生したことを知っているだろうか？　どうしてそれが起きたのかについては？　どのようにバイアスがAIに入り込むかを知っているか？　バイアスのあるAIを使用した場合の倫理・評判・法的リスクについては？　あなたの組織の最高医療責任者は、オプタムのAIが、具合の悪い黒人患者よりも白人患者に注意を払うよう推奨したことを知っているだろうか？　医師や看護師はこの件についてよく理解しているか？　あなたが利用している広告代理店は、フェイスブックのAIが、白人には売り家を、黒人には貸し家を宣伝したことを知っているか？

これらの事例を始め、多くのことを、彼らは知らなくてはならない。ベンダーの提案するソリューションに潜在するリスクを理解する必要があるのだ。そういったことを知らなければ、デューデリジェンスにおいて適切な質問ができない。導入されたソフトウェアを使用する従業員は、各種の望ましくない結果が出ることに注意する必要があるのを知らないままだろうし、あなたの組織の調達責任者は、既に文書化され広く知られているAIのリスクについて自分の組織がどう検証しているかを法廷で尋ねられたとき、証言台で過酷な時間を過ごすことになるだろう。

AI倫理は、製品開発チームが何をするかという単純な話ではない。AIが組織のあらゆる分野に組み込まれていくにつれて、それらに関わる従業員は、倫理的リスクの新たな発生源が加わったことを認識しなければならない。それには相当量の教育やスキルアップが必要だ。また適切な担当者がベンダーのソフトウェアを検討する新しいプロセスも必要になる。たとえば人事部門にそのような能力がない場合、能力を持つ他の部門と協力しなければならない。

チーム、ツール、プロセス

製品開発チームには、こうした問題や原則的な対処方法に関する知識だけでなく、倫理的リスクの特定と軽減を真摯に行うための、具体的なツールやプロセスも必要になる。彼らは「エシックス・バイ・デザイン（設計段階からの倫理への配慮）」に従事しなければならないのだ。この点については書くべきことがたくさんあるので、次章をまるまる使って解説しよう。

専門家による監視

製品開発チームのためのツールやプロセスについての章が控えているとはいえ、強調しておく必要があるのは、AIの倫理的リスクの特定と軽減を行うという重責を、主にデータサイエンティストやエンジニア、製品の設計者やオーナーの肩に負わせるのは賢明ではなく、また不公平ですらあるということだ。

自社のブランドに対する評判を、ツールの有効性や、それを技術チームやデザインチームが十分に使いこなせるかどうかに賭けるというのは賢明ではない。AIの大きな魅力のひとつは、そのスケールアップのしやすさであるということを、心に留めておいてほしい。AIは大規模な仕事をするよう設計されるのだ。つまり倫理的な問題が発生したとき、それは決して小さな、局所的な災難にはならないのである。差別を大規模に行う、不公平なルールを大規模に適用する、プライバシー侵害を大規模に行う、といった具合だ。本章の冒頭で紹介したような倫理的問題の複雑さと難しさを考えると、倫理的な専門知識のない人物に負担を強いるのは怠慢だと言えるだろう。

同様の理由で、データサイエンティスト、エンジニア、プロダクトオーナーに、精通していない仕事をこなすことを期待するのは不公平だ。彼らは複雑な倫理的、社会的、政治的な問題について意思決定しなければならないというのに、こうした問題はどれも、彼らには対処できない、また短期間では（そして長い時間をかけたとしても）対処できるようにならない評判・規制・法的リスクを招いてしまうのだ。

ここでは医療業界を例に挙げると、理解の助けになるだろう。倫理的に大きな問題をはらむ諸々の実験（中でも悪名高いのがタスキギー梅毒実験だろう。この実験では、医師は梅毒にかかった黒人にペニシリンを投与しないでおき、病気の進行を観察するという対応を行った）をきっかけに、医療業界は医療行為に（研究と患者の取り扱いの両面において）倫理基準を組み込む必要があると気づいた。正しい方向へと向かう大きな第一歩となったのが、医療業界がよって立つべき倫理基準を明確にした「ベルモント・レポート」であり、そこに示された正義・人格の尊重・善行（恩恵）という原則は、今日でも大きな意味を持っている。次の一歩が、医療の研究者や従事者に対する倫理基準の教育である。行動規範が策定され、治療を行う前にインフォームドコンセントを求めるなど、患者の尊重を保証するためのさまざまなプロセスが考案された。そしてさらなる一歩となったのが、医療研究者に対して、倫理審査委員会（IRB）の承認を得ることが規則で義務付けられたことである。その背後にある考えは明らかだ。善意があり、十分な知識もある研究者がいることは素晴らしいが、それだけでは十分ではない。倫理的リスクを総合的に把握し、軽減するために、研究者は適切な専門家に相談することが求められる。それは専門家が研究チームから独立し、研究者には見えないものを見る力を持つからこそなのだ。

AIの研究者や実務者が、一連のツールやプロセスを用いて、医療の研究者や実務者にはできない形で、倫理的リスクを包括的かつ体系的に特定・軽減できると考えるのは馬鹿げている。適切な監視を行うには、適切な専門家が必要なのだ。実際、第2章から第4章までで取り上げた9つの「コンテンツからストラクチャーを導く教訓」（下に再掲）を振り返ってみると、その多くが適切な専門家の関与について書かれていることに気づくはずだ。

コンテンツからストラクチャーを導く教訓

倫理的AIの3つの主要課題に取り組む際、その課題のコンテンツ（内容）から、どのようにアプローチをストラクチャー（構成）するかについての教訓が浮かび上がる。第2章から第4章にかけて、そうした教訓を9つ確認した。

バイアスに関する教訓

- 特定のユースケースにおいて適切な公平性の定量的指標があるとすれば、それはどれなのかを判断する専門知識を持つ、個人もしくは集団が必要。
- 適切なバイアス緩和戦略を選択するのに必要な専門知識を持つ、個人もしくは集団が必要。

- モデルのバイアスを特定し緩和する取り組みは、モデルの学習前に開始すべきであり、学習用データセットの内容やソースを決める前に始めるのが理想。
- 適切なバイアス緩和手法を選択する際には、弁護士も関与することが望ましい。

説明可能性に関する教訓

- 特定のユースケースにおいて重要になるのは、人間による説明か、それともマシンによる説明かを判断する、適切な人物が必要。
- どのようにインプットがアウトプットに変換されるかというルールを明確にする説明を行うことが重要な場合、倫理的・法的な専門知識を持つ人たちが関与する必要がある。
- 開発中のAIのエンドユーザーとなる人々に意見を聞き、説明が必要かどうかを確認するとともに、必要であれば、良い説明とはどのようなものかを、彼らの知識レベルやスキル、目的を基に判断する。

プライバシーに関する教訓

- AIをトレーニングするためのデータの収集を始める前に、自らのユースケースにおいて、プライバシーの倫理的レベルをどの程度にするのが適切かを判断する。
- 倫理的価値観が対立したときに、専門的な知識に基づいて責任ある決断を下すことができる、個人もしくは集団が必要。

AIの倫理的リスクについて真剣に考える組織には、IRBのような役割を果たす存在が必要になる。それをAI版IRBや、AI倫理委員会、あるいはAIリスク委員会などと呼ぶことができるだろうが、名前よりもそれにどの

ような機能と権限を与えるかということの方がはるかに重要だ。さらにこうした委員会は、組織内における新しい存在として設置することも、既存の存在に一連の新たな責任を与えるという形で実現することもでき、組織の規模によっては、複数の委員会を持つことも考えられる。ハイレベルでは、その機能は単純だ。自社で開発する、あるいはサードパーティーのベンダーから調達するAI製品の倫理的リスクを体系的かつ包括的に把握し、軽減するための監督的役割を果たすのである。より具体的に言うと、製品チームや調達チームがソリューションの提案をAI倫理委員会（以下、AIEC）に持ち込んだ場合、委員会は次のいずれかの決定を行う。

1. そのソリューションの開発・調達の中止を勧告する。
2. そのソリューションに開発・調達の中止を勧告するほどの倫理的リスクがないことを承認する。
3. そのソリューションの機能変更を提案し、それが採用された場合、さらなる審査を行って上記2番目の決定につなげる。

このプロセスは、それ自体が監督や監査に適したものとなっている。それはAIECが、そこに持ち込まれたすべての案件を文書化（行われた勧告の記録も含まれる）するためである。上記1、2、3のどの決定を下すかを検討する際、AIECはAI倫理声明とAI倫理判例に従うべきだ。それにAIECは、そもそもその倫理判例を作成することを責務のひとつとすることもできる。

AIECの設立には多くの決定が必要となるが、特に重要なのは誰が委員を務めるか、またその管轄はどうあるべきかという点だ。

メンバー構成

AIECには幅広い分野の専門家が必要となる。技術的な観点から何が行われているか、また何が可能かを委員会が理解できるように、研究や製品の技術的な裏付けを理解するデータサイエンティストが必要だろう。同様に、製品デザインに精通した人物も重要だ。彼らは製品開発者と同じ言葉を話し、カスタマージャーニーを理解し、検討中の製品の本質的な機能を損なわない形で、倫理リスク軽減戦略を立案する手助けをすることができる。また弁護士やプライバシーオフィサーなど、倫理に深く関係するメンバーも参加させることをお勧めする。彼らが持つ、現在および将来の規制、差別禁止法、プライバシーの慣行に関する知識は、倫理的リスクを精査する上で重要な参照点になる。

AIECの機能は倫理的リスクの特定と軽減であるため、倫理の専門家、つまり倫理を専攻していた哲学博士を持つ人物や、医療倫理の修士を持つ人物を含めるのが賢明だろう。倫理の専門家は、優れた倫理観を持つ聖職者のような役割を果たすためにAIECに参加するのではない。彼らはさまざまな倫理的リスクを理解し、見抜くためのトレーニングを受け、それに関する知識と経験があり、明確な倫理的考察を行うのに重宝する重要な概念や事例に精通し、組織が倫理的問題を客観的に評価するのを助けるスキルがあるためだ。実際、本書を読んでいる皆さんは、哲学の博士号を持つ人物（母は医学博士の方を好んだが）にAI倫理をめぐる状況を解説されているわけだ。そして彼は、リスクの種類やリスクの発生形態、倫理的な考察に役立つ重要な特徴などを説明しようとしている。

また研究や製品に応じて、さまざまな分野の専門家を参加させるのが望ましい。その製品が大学で使用されるのであれば、大学の運営や目標、構成員に精通している人物を加えるべきだ。日本で展開される製品であれば、日本文化の専門家が重要になるかもしれない。

最後に、独立性を維持し、利益相反（参加したメンバーが上司の歓心を買おうとするなど）がないようにする取り組みの一環として、少なくとも1名は組織と無関係のメンバーを置くこと（ちなみにこれは、医療IRBに要求されることでもある）。こうしたことに加えて、メンバー全員がビジネス上の目標や必要とされるものを認識している必要がある。

管轄

製品チームはいつAIECに相談すべきか、そしてAIECはどの程度の権限を持つべきか？

AIの倫理的リスクは、AIの研究や製品開発の段階ではなく導入時に具現化するものであるが、研究または製品開発が開始される前に、AIECに相談する必要がある。その第一の根拠は、バイアス、説明可能性、プライバシーに関する各章で解説し、「コンテンツからストラクチャーを導く教訓」の3、5、8で明示した。もうひとつの実利的で大きな理由は、実現する前のプロジェクトや製品に手を加える方がずっと容易で、したがってよりコストがかからず効率的であるということだ。たとえば後から、製品設計の副産物として、重大な倫理的リスクがあることに気づいた場合、倫理的にリスクがあるとわかっていながら製品を市場に出すか、製品の再設計というコストのかかるプロセスを取るかのいずれかを選択しなければならなくなる。

ここで次のような、特に重要な決断をする必要がある。その重要性はいくら強調してもしきれない。

1. 製品開発と調達のチームがAIECに相談することを必須にするか、それとも単なる推奨にするか？
2. AIECの決定は、製品チームや調達チームが従わなければならない要件とするのか、それとも単なる推奨事項か？　また、もし要件である場合でも、上級管理職はその決定を覆すことができるか？

倫理的リスクの特定と軽減を、あなたはどのていど真剣に考えているか？それは「できたらいい」という程度だろうか、それとも「しなければならない」のだろうか？　人々やブランドを守ることにどのくらい関心があるか？

表6-1

リスク、権限、倫理委員会

	AIECの決定は必須要件	AIECの決定は推奨事項
AIECへの相談は必須要件	○	◍
AIECへの相談は推奨事項	●	●

○ 低リスク
◍ 中リスク
● 高リスク

こうした判断によって、あなたの答えが明らかになる。どのような答えが考えられるかを見てみよう（表6-1参照）。

この表の中で2つの黒い楕円は、高リスクであることを示している。AIECへの相談が単なる推奨に過ぎない場合、それを利用するのは一部の（おそらく少数の）チームだろう。さらにAIECの勧告を実際に受け入れるのは、その中の一部だけになるだろう。その結果、多くのリスクが残ることになる。

そしてAIECへの相談は要求されないが、彼らの決定は必須要件になるという非常に奇妙なシナリオでは、過度に制約されることを恐れて、誰もAIECに相談しなくなるだろう。

AIECへの相談は必須だが、その決定は推奨であるとした場合、状況は多少改善される。一部のチームにとっては、今まで知らなかったリスクを知ることで、製品に適切な変更を加える十分な動機付けになる。しかし自分たちのアイデアにほれ込んでいるチームや、AIECは大袈裟なだけだと考えるチーム、倫理的な事柄はナンセンスだと考えるチームは、AIECに相談などしなかったかのように先に進むだろう。もちろんAIECの勧告を無視したという記録が残るので、それは彼らにとってリスキーなのだが、世の中にはリスクを厭わない人が大勢いるのだ。

とはいえAIECを設置して、そこへの相談を製品チームや調達チームに対して要求し、さらにその決定を必須要件とするというのは、極めて大変なことだ。AIECは大きな権限を持つことになり、実際のビジネスに影響を与える可能性が生じる。しかしAIECにこれだけの権限を与えることを検討すべき大きな理由が、少なくとも1つ存在する。それは、AIECが、従業員や顧客、消費者、あるいは規制当局のような他のステークホルダーとの間に、強力な信頼関係を築くツールとなるからだ。これは特に、委員会の運営（意思決定そのものではなかったとしても）について透明性を確保することができた場合に当てはまる。倫理的に健全な企業であることが、自社の価値観のピラミッドの頂点にあるならば、AIECに独立性と、持ち込まれた提案に対する拒否権を認めることは良い考えだ。

委員会にそのような権限を与える準備はできていないが、AI倫理リスクの軽減に取り組んでいる企業は、中間点を見出すことができるだろう。AIECの決定を上級管理職（たいていは経営幹部レベルの人物）によって無効にできるようにすればいいのだ。そうしておけば、倫理的リスクを冒すことに本当に価値があると考えられる場合、組織はその道を選択できる。しかしそれは、基本的にはAIECが決定権を持つことを前提とする。

ここまでのアドバイスはすべて、AIECが進むべき方向だと確信している人々に向けたものである。それに手間をかける価値はない、あるいはAIECを設置する必要はないと考える人々は、数多くの利益相反（たとえば製品開発・調達に携わる人々個人の短期的目標と、ブランドの長期的な育成との間に生じるようなもの）、部門内および部門間の不整合、AIの倫理的リスクの特定の失敗といった問題が定期的に発生すると考えておいた方がいいだろう。

責任

AIの倫理的リスクを特定し、軽減することを目的として、役割別の責任を割り当てることが不可欠だ。そこにはデータ収集者、データサイエンティスト、エンジニア、プロダクトオーナーなどの責任が含まれる。そして責任を果たせなかった場合は、他の役割別の責任と同様に、深刻に受け止められなければならない。製品チームは、無視しても金銭的な影響が出なければ、自らに課せられるプロセスを忠実かつ誠実に遵守することの重要性を割り引いて考えてしまいがちだ。

倫理的なリスクから目をそらす組織は、そのリスクを顕在化させてしまうことを、多くの事例が示している。たとえばウェルズファーゴは、従業員に対して偽の新しい口座を開設するよう奨励していたことで悪名高い[(2)]。そのインセンティブ構造によって、倫理的な過ちが起こりやすくなっていたのである。さらに倫理的慣行を遵守している製品チームのメンバーが、賞与や昇給、昇進の際に、倫理的慣行を無視した従業員と比較して不利になると、彼らは自分たちの基準を緩めてしまう可能性が高くなる。

一方で、組織のAI倫理基準を受け入れて真摯に推進する行為を、公式にも（昇進などを通じて）非公式にも（会議での称賛などを通じて）定期的に取り上げることで、システムの改善は単にシステムにとって良い話というだけではないのだ、と熱心な従業員たちが理解するようになり、システムの継続的な定着や改善の可能性が大幅に上昇する。

AI倫理声明と倫理判例に明記され、また製品チームに提供するツールや、チームがAIを開発・調達・導入するためのプロセスに体現されているAI倫理基準を守ることは、四半期または年次の評価、非公式な形での奨励、そして最終的には、チームに金銭的な補償を行う方法にも反映されなければならない。

KPIを伴うAI倫理リスクプログラム

測定可能な形で作成、展開、維持される、AI倫理リスクプログラムが必要であり、AIECは上級管理職の監督下で、これを主導できる。

①組織によるこの新しい基準の採用または遵守の度合いと、②この基準を満たすことで軽減されるリスクの度合いを区別しよう。前者はお馴染みのリスクおよびコンプライアンスプログラムに関するものだ。たとえばコンプライアンスチームは、AIECが拒否または許可した製品提案の割合、AIECの勧告を踏まえた修正の平均回数、AI倫理リスクプログラムに違反したために処分された従業員の数、組織内におけるAI倫理基準の理解の広がりと深さなどを測定できる。方針が適切に記されていれば、その方針の実施が成功している場合にはどうなるのか、そしてその進捗をどう測定・追跡するかが明示されているはずだ。

つまずいてしまうのは後者である。人々は自分たちが本当に倫理的目標を達成しているのか、倫理的悪夢を回避できているのかを知りたがっている。彼らは「しかし正義、敬意、プライバシーに関するKPIとはどのようなものか？」と常に尋ねる。こうした概念をどう測定すればいいのか見当がつかず、困惑しているのである。

なぜ困惑しているのか、その理由は既に見てきた。こうした言葉は非常に抽象的でハイレベルなものであるため、単にそれに賛成して測定するというわけにはいかないのも当然だ。一方で、実質的なAI倫理声明とAI倫理判例があれば、測定に使える物差しを手に入れられる。

第4章で解説したように、プライバシーのレベル3を下回らないことを掲げていた場合、そのレベルを下回った製品の割合を測定し、その推移を長期にわたって追跡することができる。商品やサービスを提供するすべての消費者向けMLシステムを、一般の消費者に対しても説明可能なものにすることを掲げていた場合、そのシステムを日常的にテストし、測定するといい。インクルージョンを実現するという目標が、MLバイアス緩和のアプローチ方法に反映されていることを確認したい場合、関係するステークホルダーとともに、選択した指標における合格率を確認することができる、といった具合だ。

コンテンツの決定と明確化に細心の注意を払えば、ストラクチャーはより明確になり、測定も容易になる。コンテンツが曖昧で、結論のついていないものである場合、それを追跡して測定するのは難しいだろう。しかし詳細で分かりやすいものである場合は、あとは自然に任せていればいい。

経営陣のオーナーシップ

AI倫理リスクプログラムの作成には、組織的・文化的な変革が必要になる。もし強制力のあるAIECを設置したいのなら、もし製品チームが新しいツールを使い、新しいプロセスに携わるのなら、もし個人やチームがAI倫理リスクプログラムを遵守する責任を負うなら、もしトレーニングに真剣に取り組むなら、もしチームがさまざまなKPIによって測定されるパフォーマンスによって（部分的にであっても）評価されるのであれば、上級管理職、理想的には経営幹部レベルがそうした対応の主導権を持つ必要がある。ボトムアップのアプローチではだめだ。ボトムにできるのは、良くてもトップに真剣に取り組むよう促す活動の先陣を切ることであり、AI倫理リスク戦略の体系的かつ戦略的な採用と維持を行うのはトップの役割である。組織の長期的な価値を守る責任を負っている以上、AIを開発・調達・導入する組織で、その舵取りを上級管理職が務めない状態のまま放置すれば、それは取締役会の怠慢であると言わざるを得ない。

これは当たり前のことかもしれないが、原理的には当たり前でも、実際には必ずしもそうはなってない。私が日常的にクライアントとともに抗っている根源的な衝動がある。それは、AI倫理リスクプログラムの主導権を、経営幹部レベルではない製品チームの上級メンバーに委ねるというものである。この考え方は合理的だ。「AI製品が倫理的に危険なものにならないように、製品チームにそのオーナーシップを持たせるようにしよう」というわけである。そして製品担当の上級メンバーでなければ、上級エンジニアになる。「うちの製品責任者はエンジニアでもデータサイエンティストでもないのに、このテーマには技術的なことが数多く関係している。ここはエンジニアリングの責任者に任せよう」というわけだ。

その根底にある考え方は理にかなっている。「AI製品が倫理的に間違っている場合、それは悪いことであるため、製品に近い人がオーナーシップを持つ必要がある」という考え方だ。しかしそうした人々は、最高製品責任者や最高データ責任者、最高分析責任者、あるいは最高AI責任者でない限り、AI倫理リスクプログラムが必要とするような、組織改革のためのプログラムを主導する力を持っていないのである。たとえば彼らは、ベンダーからAIを調達しているマーケティング部門や人事部門に影響力を持つわけではない。

そう、経営陣がオーナーシップを持つことの必要性は、いわば明白な事実と言えるだろう。しかしその明白な事実は、運用が現実に近づくにつれて見えづらくなってしまいがちだ。それを見過ごしてはならない。

まとめ

- AIの倫理的リスクは多岐にわたる。バイアス、説明可能性、プライバシーという三大課題が私たちの前に大きく立ちはだかるが、多くの倫理的リスクは特定のユースケースから生じる。上級管理職には、これらのリスクに包括的、体系的、かつ十分な考えのもとに対処するAI倫理リスクプログラムを作成し、拡張させ、維持する責任がある。

- AI倫理判例の作成は、組織のAI倫理基準を明確にし、それを関連するステークホルダー（特に製品開発者や倫理委員会など）に伝える上で非常に強力なツールとなる。

- AIの倫理的リスクは、製品や技術者だけの問題ではない。機械学習ツールを調達し、使用する組織内のすべての人々が関わるものだ。

- データサイエンティスト、エンジニア、製品開発者またはプロダクトオーナーに対し、製品の倫理的リスクを特定し軽減する主な責任を負わせるのは賢明ではなく、不公平ですらある。専門家による監督が必要であり、AI倫理委員会（AIEC）という形をとる必要があるのは明白だ。AIECにどの程度の権限を与えるかは、AI倫理リスクプログラムの方向性と有効性を決定する極めて重要な決定となる。

- すべての関係者はAI倫理リスクプログラムを遵守する責任を負わなければならないが、彼らにはインセンティブと反インセンティブの両面が与えられる必要がある。

- リスクチームとコンプライアンスチームは、ポリシーとプロセスを遵守させるための適切なKPIを設定することに精通している。しかし実際の倫理面でのパフォーマンスを測定するKPIの決定は、既存の規制および法的基準と組み合わせた、独自の倫理基準に照らし合わせて行い、それは、AI倫理声明とAI倫理判例におけるAI倫理基準がどの程度まで明確化されているかに左右される。その質が高ければ高いほど、倫理面のパフォーマンスに対するKPIの質も高くなる。

- 一般従業員がAI倫理に対して積極的であれば、それは素晴らしいことだが、トップのリーダーシップとオーナーシップなくして、現実的で強固なAI倫理リスクプログラムはあり得ない。

第7章
開発者向けのAI倫理

製品チーム（プロダクトマネージャーやオーナー、データサイエンティスト、エンジニア、デザイナーを含む）には、製品の倫理的リスクについて考えるための「ツール」が必要である、というのがAI倫理の議論におけるお決まりの発言だ（ここで「ツール」という言葉をカッコで括ったのは、この用語が常に飛び交い、定性的な答えを求める質問のリストから定量的・数学的分析、倫理的ベストプラクティスのリストに至るまで、非常に多くのものを指しており、そのためほとんど意味をなさないからである）。これは合理的な考えであり、全体として見れば正しい。しかしより大きな文脈から切り離してしまうと、間違った方向に進みかねない。

たとえば、製品チームがツールを使うことに興味を持っていない（彼らの賛同が得られていない）場合や、ツールがワークフローに合っていない（ツールが正しい形でプロセスに組み込まれていない、あるいはツールがチームのニーズに合わせてカスタマイズされていない）場合、またツールの使用に対して組織としてのインセンティブを用意していない（誰がツールを使うかについての役割ごとの責任が設けられていない、あるいは責任がない）場合は、チームにどんなツールを与えても、事態は何も変わらないだろう。言い換えれば、前章の結論を無視した場合、ツールは救いにはなってくれないのである。

さらに言えば、こうしたツールは、ツールに求められる仕事を実行できるチームをつくってこそ有効性を発揮する。これは私にチェーンソーとハンマーを与えて、家を建てろと言っても無意味であるのと同じだ。完成した家は美しくもなければ、機能的でもないだろう。ツールとは、それを使う人物が必要な概念や知識を備え、訓練を受けているときに初めて、効率的かつ効果的に使われるものである。本章では、その条件となる要素を解説する。それは現場の開発者だけでなく、AI倫理委員会（AIEC）や上級管理職など、チームを監督する者にとっても重要だ。

まずは、製品チームの目線を変える3つの方法について

まずは製品チームの目線を変えることから始めよう。企業と一緒に仕事をしてきた私自身の経験に照らして言うと、企業は以下の3点について大きな勘違いをしている。しかしそれらを少し調整するだけで、AI倫理リスクプログラムを導入する際の成功確率を改善できる。

第1に、製品チーム（「エシックス・バイ・デザイン」を行っていると宣言するチームだ）は、哲学における道徳理論の視点からAI倫理を見るべきだと考えることが多い。これは倫理的な分析がどのようなものであるかについて、偏った見方をしていることを反映している。企業はこのテーマをはるかに実践的かつ厳密に考えることができるし、またそうすべきだ。

第2に、製品チームは倫理について、主に「人々に害を与えない」という観点から考える。私はその考え方を修正して、「人々を不当に扱わない」ことの重要性を強調したい。

第3に、企業は「倫理学者（倫理の専門家）などというものは存在しない」、あるいは「倫理学者は実社会で経験を持たず研究ばかりしている人物だ」と信じているかのように振る舞っている、あるいは本当にそう信じている。こ

れは間違っている。倫理学の知識やスキルは重要である。

それぞれ順を追って詳しく説明しよう。

道徳理論に頼らない

AI開発者は、倫理的リスクの特定を容易にするために、さまざまな倫理あるいは道徳に関する理論を考慮すべきであるという意見をよく耳にする。「功利主義の『レンズ』を通して見てみよう」、「カント派の『視点』に立ったらどうなるだろうか」、あるいは「アリストテレスならどう行動するだろうか」といった具合だ。

しかしこれは、倫理的に健全なAIを開発する方法としては完全に間違っている。

人々が道徳理論について考えるとき、たいてい（学問としての）倫理に関する3つの立場が念頭にある。それらは大まかに言って、何が善で何が悪か、あるいは何が正しく何が間違っているか、そしてその理由を説明してくれる。この3つの立場について、簡単に解説しておこう。

- **帰結主義**　「全体として最善の結果をもたらすことは何であれ、正しい行いである」という考え方で、功利主義が一例である。
- **義務論**　「行為の善し悪しはその結果とは無関係である」という考え方で、イマヌエル・カントの理論が一例だ。善悪を決めるのは、一連の原則への適合性（またはその欠如）である。ルールを破れば、たとえすべてが上手くいったとしても、何らかの正しくない行いをしたことになる。
- **徳倫理学**　「正しい行いとは徳の高い人が行うことである」という考え方で、アリストテレスの理論が一例だ。勇気のある人（または寛大な人、親切な人など）は、その行いをするだろうか？　答えがイエスなら、それは正しい行いであり、ノーであれば正しくない行いである。

これらの理論は素晴らしいものであり、大きな影響力を持つ由緒正しい考え方である。倫理学を研究する哲学の教授なら、ほぼ全員がその内容を少なからず知っているだろう。しかし繰り返しになるが、製品開発の際にそれに頼るというのは、とんでもない考え方だ。

第1に、これらは「レンズ」でも「視点」でもない。相容れない道徳理論なのだ。ある行為が、それがもたらす結果によって正しいと考えるなら、あなたは「義務論者」ではない。ある行為が、その結果とは無関係に正しいと考えるなら、あなたは「功利主義者」ではない。したがって、倫理的問題に取り組む際、それに功利主義とカント哲学を少々振りかけて（そこに徳倫理学をひとつまみ添えて）、見栄えの良い結論を出そうという考え方は、根本的に間違っているのである。

第2に、どの道徳理論が最も妥当であるかについては、1つのチーム内でも見解が分かれるものだ（そしてチームメンバーの多くは、意見をまとめようというモチベーションさえ十分に持ち合わせていないだろう）。製品開発を進めるために倫理的リスクを特定しようとしていることを考えると、道徳理論についての議論をすることは（私にとっては魅力的なのだが、こういった状況ではあまり価値がないと認めよう）、ただ注意を分散させるだけである。

第3に、仮にこれらの理論の妥当性を議論する時間を取って、たとえば功利主義が最もクールだということで皆が合意したとしても、今度は互いに相反する何十種類という功利主義のバリエーションの中からどれを選ぶかを決めなければならない。

第4に、こうした理論は、何が正しく何が間違っているか、そしてそれはなぜかを説明するためのものだ。少なくともそれを意思決定に活用するというのは、理論の主要な使い道として意図されていない。ニュートン物理学は、中くらいの大きさの物体が地上でどのように運動するかについての理論としては正しいが、野球をしながらその公理を参照するのは得策ではない。

第5に、製品開発において倫理的リスクを特定する際には、「何らかのリスクがある」と同意できる場所を探すことになる。なぜそれが倫理的なリスクであるのかを説明する理論に同意する必要はない。たとえばあなたとあなたの同僚は2人とも、採用の際に人種で差別するのは間違いだと考えることができる。一方は功利主義的な理由から、もう一方は義務論的な理由からかもしれないが、そんな違いは誰も気にしない。ここで重要なのは、両者がそれを軽減すべき倫理的リスクだと考え、リスク軽減策を立案し、実行に移せるかどうかということだ。

第6に、道徳理論は、人々が既に下した倫理上の結論を正当化するのに使われやすい。道徳理論は、人々の方針がどうあるべきかを示すというよりも、人々の方針に沿うように使われ得るのである。

第7に、倫理学者の研究の中でも具体的な事例を論じるもの（たとえば医療倫理の文献がそうで、それには正確な法律や規制、政策の情報が含まれる）は、道徳倫理を乱暴に「適用」して進められることは決してない。倫理的な推論は、法的な推論の場合と同様ではあるが、それよりはるかに繊細に行われるものであり、倫理判例の議論でも見たように、類推的な推論によって進められることが多い。

「人々を不当に扱わない」ことを重視する

製品チームが倫理的リスク分析をする際にやりがちなアプローチには、「害」について考えるというものもある。「人に害を与えないようにしなければならない」、「被害を受ける可能性のあるステークホルダーについて考えるべき」、「この製品によって人々がどのような害を受けるかを考えよう」といった具合だ。これは合理的な考え方である。しかし「害」とその反対にある「利益」を主眼に置くことは、倫理的リスクを特定するという場面においては必ずしも有用ではない思考法を招いてしまう。

人に害を与えることと、人を不当に扱うことの間には違いがあり、次のように考えればその違いを理解できる。つまり私たちは、人に害を与えることなく不当に扱うことができ、また不当に扱うことなく害を与えることもできるのである。

私たちはさまざまな形で、人々を不当に扱うことができる。相手に誓った約束を破る、借りた金を返さない、人々が正当な権利を持つモノやサービスへのアクセスを拒否する、緊急事態に陥っている人々を、自分なら簡単に助けられるのに助けようとしない、しかるべき法的手続きを拒否する、身体的な危害を与えるなどである（そしてこれだけではない）。

これらすべてが人に害をなす行為だと言い張ることもできるが、そうすると、概念が濁って、議論をしづらくなってしまうだろう。私が約束を破っても、あなたは気にしないかもしれない。私が約束したものを、あなたが欲しがらないこともあるからだ。あるいは私が借りた金を返せなかったとしても、あなたがとても裕福であれば、金が返って来ようが来まいが気にならないだろう。あなたにふさわしい昇進を私が却下しても、あなたはいずれにせよ、辞めるつもりだったかもしれない。あなたが黒人や女性であることを理由に採用を断られたとしても、仮に差別がなかった場合でも、必要な訓練や経験が不足しているためにその仕事には就けなかったかもしれない――たとえ不当に扱われなかったとしても、全く同じ状況（つまり失業）にたどり着くことになる。つまりここで言いたいのは、害を与えることなく、人を不当に扱うことができるのである。

逆に私たちは、不当な扱いをせずに、人に害を与えることができる。たとえば正当防衛や、他人を守るために人を傷つけることがある。この場合、誰も不当に扱っておらず、その傷害行為は正当化できる。とはいえ誰かや何か（たとえば人々の集団）を傷つけることは、通常、不当な行為であるため、そうした行為には十分注意を払って、「このケースで、こういった危害を加えることは正当化されるか？」と問わなければならない。

また誰かに害を与えることと、誰かにマイナスの影響を与えることも混同されがちだ。たとえばあなたが誰かよりも昇進して、その誰かに（たとえばあなたの優れた業績によって）マイナスの影響を与えたとしても、それは彼らを不当に扱っているということにはならない。

同じことが製品についても言える。たとえば個人投資家に資産配分の方法をアドバイスするとしよう。さらにあなたの会社が提供するサービスは、ダイバーシティとインクルージョンに関する責任者が合理的に容認できるような方法で、販売されていると仮定する。ところが、あなたの組織にはコントロールできない各種の理由によって、一部の特定の集団が他の集団よりもこのサービスを多く利用することになったとしよう。もしこの利用頻度の高い集団が富と資本を手に入れたとしたら、あなたは自社サービスの利用頻度の高い層と低い層の間に、異なる影響を与えたことになる。しかし、後者がもう一方より悪い状態にあったとしても、他のことがまったく同じであれば、彼らに対して不当な扱いをしたことにはならない。

それでもあなたはこの状態を良しとせず、その結果、後者の集団に対するマーケティングや販売に力を入れるかもしれない。実際、あなたのAI倫理声明は、より努力するよう命じている可能性もある。しかし、それは倫理的に良い行いであり、称賛に値することでさえあるが、そうしなかった場合でも、後者の集団に害を与えることはおろか、彼らを不当に扱うことにはならないのである。もしあなたのAI倫理に関するコミットメントが、たとえばすべての行動において公平性を追求するというような内容であれば、それは人々に害を与えたり、彼らを不当に扱ったりすることを禁じるだけでなく、義務の範囲を超える行動を促すものになるだろう。

おそらく最も重要なのは、「人に害を与えてはならない」という考え方は、「他人の自主性を尊重すべき」といった他の倫理的義務と対立する可能性があるという点だ。誰かにタバコを売ることは、その人物に対してトータルで見れば害を及ぼすことになるかもしれないが、タバコの販売を拒否せよというのは父権主義的であり、好ましくない。なぜなら自主性を重んじるというのは、その人物の決定と、第三者からの干渉を受けずにその決定に基づいて行動する能力を尊重するということだからである（ただしそれは、その人物が法律を破っておらず、またその人物がタバコを買うように操られてはいない場合に限られる）。倫理的リスクの特定において、害にフォーカスし過ぎると、他の倫理的リスクに注意が向かわなくなるおそれがある。

それこそまさに、私のクライアントが直面した問題だ。彼らは、どのような広告コンテンツを見るべきか視聴者にレコメンドするためにAIを活用している。その会社は「私たちは視聴者の幸福を追求しており、すなわち、それは特定の種類のコンテンツを、他の種類のものよりも推奨する必要があるということである。たとえば無意味ではかない喜びを提供するコンテンツではなく、インスピレーションや情報を提供するコンテンツなどを優先するのだ」と考えた。そこには何ら不合理な点はない。ユーザーの幸福を追求するというのは立派だが、一方でそれは、ユーザーが良いと思うコンテンツではなくあなたが良いと思うものを提供するという点で、ユーザーの自主性を損なう可能性がある。自主性を尊重するなら、ユーザーは、どのようなコンテンツが推奨されるかについてもっとコントロールできなければならない。事実、これこそまさに、この会社の主要パートナーの１社が指摘していた点だった。その結果、製品の設計と、製品の展開における倫理的なベストプラクティスの明確化を、人々の自主性を十分に尊重する形で行うためにはどうすればいいかということが検討されることとなった。おかげでパートナー企業を満足させ、また同社も視聴者を不当に扱わないという姿勢を貫くことができた。

最後に、これは何千人という人々に長年教えてきた経験から言えることだが、人は誰かに害を与えることについて考えるとき、受け手側の精神状態に焦点を当てることが多い。たとえばその相手が（肉体面もしくは感情面での）痛みを感じたかどうか、といった具合だ。一方で、誰かを不当に扱うことについて考えるときには、相手に対する義務を怠っているかどうか、あるいは相手が持つ権利を阻害していないか、相手が受け取ってしかるべきものを受け取れないようにしていないかといった点に、より焦点が当てられる。この2つの視点には、倫理的問題を考える上で、大きな違いがある。

たとえばあなたが女性に対して、自ら学び、より自立できるようになることを支援するツールを提供していたとしよう。あなたが害に焦点を当てている場合、その事業のことを気に病む男性について考えるかもしれない。あなたはこの男性に害を与えているのだ。しかしこの害は道徳に関係があるのだろうか？　私たちが下す判断の指針となるべきだろうか？　彼らが受ける害と、女性が受ける害とで釣り合いを取るべきだろうか？（もし女性がそのような扱いを受ける方が良いと考えていたとすると、話はさらにややこしくなる）。この問題に決着をつけるには、これで苦痛を感じる人は何人で、喜ぶ人は何人かを調べるアンケートを取ればいいのだろうか？　それは現実的ではないだろう。

一方で、もしあなたが誰かを不当に扱っていないかを問うのであれば、焦点が当たるのは女性の権利（加えてもしこの文脈で必要があれば、男性の権利）と、私たちがこの状況に陥った際に課せられる義務になる。心理的苦痛によってこの男性を傷つけることは、道徳的な焦点の対象にはならない。なぜなら私たちは、誰かに害を与えることが常に悪であるという仮定を、自動的に置くわけではないからである。

このような「ステークホルダーが受ける害」という観点から考えるアプローチの問題点を踏まえて私が推奨しているのは、人を不当に扱うこと、倫理的に許されること、侵害されるおそれのある権利、不履行になるおそれのある義務、という観点から考えることである。

誰かが害を受けるという観点から話をするのは道理に合わない、と言いたいのではない。ただ、それが中心になるべきではないということだ。実際、バイアス、説明可能性、プライバシーの章では、その視点を中心に据えていない。さまざまな集団の間で財やサービスを不均等に配分することは、不当な場合もあれば、不当でない場合もある（たとえそれがある集団に利益をもたらし、他の集団に不利益をもたらすとしても、不当とは限らない）。誰かに説明をしないことは、その相手が受けてしかるべき尊敬の念を示していないことを意味するかもしれず、だとすればその相手は、説明を受けないことで不当な扱いを受けているということになる。ある人が自分に関するデータを収集しないでくれ、と明示的かつ正当に要求をしているにもかかわらず、その人物のデータを収集することは、たとえそれが実際に害をもたらすものでなくても、不当な扱いをすることになる。そして最後に、あなたがAI倫理声明に記載した約束に反することは、たとえそれによって誰も害を被らなくても、不当な行いである。

倫理の専門家を参加させる

私はこれまで、専門家による監督が必要であること、さらに言えば倫理の専門家が必要であることを強調してきた。前章では、倫理の専門家をAI倫理委員会のメンバーにすることを推奨した。私はまた、次の３つの理由から、製品設計の際にも倫理の専門家を参加させることを推奨する。

第１に、倫理の専門家は、デザイナーやエンジニア、データサイエンティストよりもはるかに早く倫理的問題を発見できる（後者が悪いデザインや間違ったエンジニアリング、誤りのある数学的分析を倫理学者よりもはるかに早く発見できるのと同じだ）。あなたの組織は、製品開発のブレーキを踏むことなく、倫理的リスクの特定を拡大したいと考えているだろう。そう考えると、特定するスピードは重要な要素である。

第２に、さまざまなプロジェクトで膨大な数の倫理的な疑問が生じるため、それに答えようとすると簡単に迷子になってしまう。倫理の専門家には、こうした問題を解決するために必要な概念のレパートリー、経験、スキルがあり、他の人が問題を解決するのを助けることもできる（先ほどの「害を加える」と「不当に扱う」の議論において私がそうしたように）。法的リスクに喩えてみると分かりやすい。弁護士は法的リスクを発見するのが早いだけでなく、そのリスクを精査し、また他の人がそのリスクについて考えるのを助けることに長けている。チームにフルタイムで働く倫理の専門家がいなくてもよい。むしろ必要なときに相談できる専門家として必要になるだろう。そうした倫理の専門家は、必要に応じて外部から来てもらうこともできるし、組織の規模や製品開発の規模とスピードによっては、社内の倫理の専門家がさまざまなチームの間を行き来することも可能だ。

第3に、人間中心設計により、多くの製品開発者が設計プロセス全体を通じて、関連するステークホルダーに相談するようになっている。同様に、AI開発者が「バリュー・センシティブ・デザイン（VSD)」(開発される製品から直接的・間接的に影響を受ける人々の価値観の観点から製品開発するというアプローチ）に携わるよう訴える人々もいる。こうした提言は合理的だ。しかし人は、用いられた際に人々の権利を侵害したり、何らかの形で人々に害を及ぼしたりするようなものに価値を見出すことがある。たとえば「女性が社会的に従属的な役割を担っており、投票することや正当な教育を受けることを禁じられている」という状態に価値を見出す男性について考えてみよう。このような場合、VSDを活用しているデザイナーはどうすればいいのだろうか？　男性の価値観を尊重する？　ステークホルダーが明確に否定している倫理基準を尊重するのか？　その判断の基準は何か？　こうした葛藤を乗り越え、人々が進むべき道を見つける助けをするために、倫理の専門家はしっかりトレーニングを受け、豊富な経験を積んでおり、そのおかげで、迅速で堅牢なデューデリジェンス・プロセスが可能になるのである。

そろそろツールの話をしないか？

いや、まだだ。チームが考えるべきことを理解する必要があり、それは製品チームの枠を越える場合もある。より具体的に言えば、開発・調達・導入する製品における倫理的リスクの特定に関して、注目すべき論点が5つある。

1. つくるもの
2. つくる方法
3. 製品の利用のされ方
4. それによって被る影響
5. その影響に対してすること

この5つにはそれぞれ、倫理的リスクを特定し、軽減することに関連した質問が付随する。その質問に目を向けるために、次のような実際のケースを考えてみよう。

英国の警察は、膨大な数のCCTVカメラ〔CCTVとは閉回路テレビの略で、ここでは監視カメラシステムを意味する〕で構成されるネットワークとともに、顔認識ソフトを使用することを決定した。ところがこの顔認識技術が有色人種に対するバイアスを持ち、白人よりも高い確率で、有色人種を容疑者と誤認してしまうことが判明した。そしてこのバイアスにより、警察のデータベースに登録されている人物と間違って顔を認識された、無実の人への嫌がらせが行われるようになってしまったのである。さらにはNPOが警察を訴える事態にまで発展し、またこの件に関するドキュメンタリー映画『Coded Bias』が広く配信・視聴され、そこでは警察にとって非常に不利な内容が取り上げられたのは言うまでもない。

何をつくったのか？　顔認識技術とCCTVカメラによる映像、そしてそれに連動した容疑者リストを組み合わせた製品だ。どのようにつくったのか？　データに基づいてだが、それは差別的なアウトプットをもたらすものだった。製品がどんな使われ方をしたのか？　警察がそれを使い、無実の市民を拘束し、尋問し、嫌がらせをすることすらあった（前述のドキュメンタリー映画には、14歳の黒人の少年の姿まで描かれている）。それからどのような影響を被ったか？　プライバシーの侵害、訴訟、好意的でない報道、そして警察への不信感が生まれた。その影響に対して何をしたか？　とりわけ、訴訟への対応に時間と資源が費やされた。

このように、あなたのチームが取り組む個々の製品について、先ほどリストアップした5つの論点それぞれに付随する、倫理的リスクの質問に答えなければならない。これは、デューデリジェンス・プロセス全体の中でも重要なステップである。より具体的に言うと、このデューデリジェンスでは、5つの質問に答える必要がある。

開発（もしくは購入）しようとしているものに、どのような倫理的リスクが潜んでいるか？

前述の英国警察が導入した監視技術の場合、差別の問題はさておき、プライバシー侵害の可能性があることは最初から明らかだ。結局のところこの技術は、それが本来の役割を果たせば、個人の行動を都市の隅々まで追跡するのである。どこへ行くのか、誰と行くのか、どうやって行くのかといったことが分かってしまうのだ。さらに、この技術が導入される場所には警官が配置されている以上、警察による生活への絶え間ない干渉に用いられることになる。この製品を警察に納入しようとしているチームは、すぐにこんな問いが頭に浮かぶだろう――このまま話を進めるべきか、これは人々のプライバシーを過度に侵害するものになってしまうのではないか？　そしてもし使われることが決定したら、プライバシー侵害のリスクを軽減するために、どのようにこの製品を開発し、導入すればいいのだろうか？　たとえば映像はライブではなく事後にしか使えないようにする、あるいは裁判官によって捜査の必要があると十分に認められる証拠がそろっているか、特定の人物を追跡する際にしか使用を許可しない（捜査令状が裁判官によって承認される必要があるように）、といった答えが考えられるだろう。あるいは一定の凶悪犯罪にしか使用できないようにするか、容疑者が重大な脅威であると十分考えられる場合や、正確性が一定の閾値に到達している場合に限定する、といった答えになる可能性もある。

製品の開発方法によって、どのような倫理的リスクが生まれるか？

ここで問題になるのは、開発方法が倫理的リスクを生むかどうかだ。たとえば私たちが開発した製品は、偏った、あるいは差別的なアウトプットを行う可能性があるだろうか？　差別的なアウトプットをもたらす可能性のあるデータセットとはどのようなものか？　そのような場合、説明可能なアウトプットにする必要があるだろうか？　答えがイエスなら、説明可能性は正確性と比較して、どのていど重要か？　誰に説明を提供する必要があり、その説明によって何ができるようになる必要があるか？　人々のプライバシーを侵害するような予測をする可能性はあるか？　といった具合である。

英国警察が導入した顔認識製品の場合、彼らはこのAIユースケースにおいてプライバシーを侵害する技術を使っていただけでなく、差別的なモデルを使っていた（これを受けて、バイアスを持つ顔認識技術の使用を非難する声もあるが、これは少し奇妙な話かもしれない。監視されるのが嫌なら、この製品が機能を果たさないことを望むはずだ。プライバシーを侵害する監視ソフトウェアが有色人種の顔をきちんと認識しないことに抗議するのは、昔のウディ・アレンのふざけたレストラン批評のようなものである——「ここの料理は不味いし、量も少なすぎる」というわけだ）。

倫理的なリスクが伴う、どのような方法で
その製品が使用される可能性があるか？

最先端の安全機能を備えた自動車を製造しても、運転の仕方によっては、危険なものになり得る。善意はあっても無知だったり、あまり賢くなかったりする人、無謀な人（飲酒運転、運転中のメール、「ただ楽しみたいだけ」のティーンエイジャーなど）、そして誰かを傷つけようとする悪意のある人など、さまざまな人がいる。つまりその製品がどのように導入されるかが重要なのだ。

英国警察の場合、頭が良く、よく訓練された警官がこの製品を賢く使うことは容易に想像できる。しかし訓練や知識の足りない警官が、使い方の判断を間違うことも、同じように容易に想像できる。また自分の目的のためにAIを悪用する、悪質な警官も容易に想像できるだろう。AIを開発・調達する際には、同じようにデューデリジェンスを行う必要がある。製品チームは、その製品を使用する可能性のある多様な人々について考える必要があり、無知なユーザー、愚かなユーザー、悪意のあるユーザーがその製品を使ってすることによって、どのような倫理的リスクが生じる可能性があるのかを検討しなければならない。そのような知見を踏まえて、リスクを軽減するためにどのような機能を製品に盛り込むべきか（あるいは盛り込まないべきか）、製品チームは考える必要があるのだ。さらに安全機能だけでは限界があるため、製品チームは製品の使用に関する倫理的なベストプラクティスを明確にし、その情報が製品のユーザーに明確に伝わるようにしなければならない。たとえばあなたのチームが顧客の使用するAIを開発する場合、組織はそのシステムを顧客に引き渡す際に、製品チームが（理想的にはAIECとともに）実施した倫理的リスク・デューディリジェンスと、製品の使用に関する倫理的ベストプラクティスを明確に伝えることができる。

製品を導入した後に生じる（一部既に生じている）
倫理的リスクとはどのようなものか？

これは製品チームの守備範囲外だが、特定の製品の倫理的リスクについて議論する際には強調しておかなければならない。この質問は、製品が及ぼす影響について、組織がアンケートやステークホルダーへのインタビュー、製品によるデータ収集のためのさまざまな測定技術などを通じてモニタリングしている（たとえばAIのトレーニングを継続するために使用するデータが、差別的なアウトプットを引き起こしたり、悪化させたりする可能性があるかどうかを測定する）のを前提としていることに注意してほしい。

AI製品は、サーカスの虎のようなものだ。我が子のように育て、慎重に訓練し、ショーに次ぐショーで美しいパフォーマンスを披露したかと思うと、ある日突然、その虎に頭を食いちぎられるのである。虎の場合、その原因は主に彼らの性質にある。AIの場合、それはむしろ育成の結果だ。AIをどのようにトレーニングしたか、実際の利用場面でどのようにAIが機能したか、さらなるデータを使ってどのようにトレーニングを継続したか、AIが周囲にある環境とどのように相互作用したかが結果を左右するのである。既にデータサイエンティストは、導入したAIをモニタリングしており、データドリフトが発生していないかといったことを確認している。データドリフトとは、新しくインプットされるデータが、最初にAIをトレーニングした際のデータと食い違っているために、モデルが想定通りに機能していない状態だ。新型コロナウイルスのパンデミックの結果、多くのモデルでこの現象が起きた。2020年3月にインプットされるデータが突如として、2019年3月のデータはもちろんのこと、2020年2月のデータと比べても大きく異なるものとなったのである。その結果、2020年3月がどうなるか（金融市場の動向など）を教えてくれるはずのAIモデルが、ひどい予測をするようになった。同様に、都市の人口構成の変化、年齢・人種・性別における利用の偏り、新しい法律や規制、文化的規範の進化など、数えきれないほど多くの変数があるため、AIは導入された日よりも倫理的リスクが高くなっていく可能性がある。

導入後に発見された倫理的リスクにはどう対処するか？

倫理的リスクが発見されたら、最初の質問に戻らなければならない。現在の状況を考えると、私たちの製品が抱える倫理的リスクはどのようなものか？　そしてその倫理的リスクを十分に軽減するために、製品を撤去しなければならないのか、あるいは製品を修正する方法はあるか？　予見していなかったがまだ顕在化していない、あるいは今後顕在化しそうなリスクを軽減しながら、この製品をつくり続けていくにはどうすればいいのか？　想定外だが私たちが対処すべき使用法で製品を使っているのは、どんな人か？　言い換えれば、倫理的リスクの特定と緩和は、製品チームがやり遂げて完了させるものではない。少なくとも製品のライフサイクルが完成し完了するまでは、彼らの仕事が完成することも完了することもない。

さまざまな考え方を一気に見てきたので、一度その内容をできる限り簡潔にまとめてみよう。

> 私たちは自分たちが開発しているもの、それを開発する方法、それを使う人、そしてそれがもたらす予期せぬ影響によって、人々を不当に扱ってしまう可能性を把握しなければならない。

ここから2つの疑問が生まれる。

1. いつこのような調査を行うのか？
2. それにどう取り組むのか？

ここでいよいよ、プロセスとツールの話になる。

プロセスとツール　いつ、どうやって

時間と資源が注ぎ込まれて出来上がった製品よりも、完成前の製品を修正する方が常に簡単で安上がりだ。そのため最初の3つの質問（開発しようとしている製品の倫理的リスクは何か、どのような開発をすると倫理的リスクのある製品をつくってしまう可能性があるか、ユーザー間の違いからどのよ

うな倫理的リスクが発生するか）は、どのような製品や「ソリューション」を目指すのかについてブレインストーミングを行う際に検討するのが適切である。また製品ロードマップの策定や機能追加のタイミングで、こうした視点を組み込むことも理にかなっている。

この初期段階では、明らかに倫理的リスクが高すぎるという理由で却下される提案もあれば、明らかにリスクが低いという理由で加点される提案もあり、また特定された倫理的リスクを踏まえて修正される提案もある。

この段階では、チームが行う倫理的リスクのデューデリジェンスを構造化するために使用できるツールがたくさんある。そうしたツールは多種多様であり、ここで特定のツールのレビューを行うことはしないが、チームが選択したツールは、少なくとも次のような特徴を備えている必要がある。

第１に、倫理的リスクの分類化だ。ツールによってパイの切り方は異なるが、私の場合、次のカテゴリーを使用している。

- 身体的損害（例：死、傷害）
- 精神的損害（例：依存症、不安、うつ病）
- 自主性（例：プライバシー侵害）
- 信頼と敬意（例：必要な説明をしない、ユーザー・消費者・市民の幸福をないがしろにする）
- 人間関係と社会的結束（例：社会的不信、集団分極化）
- 社会正義と公正（例：差別的なアウトプット、人権侵害、貧富の格差）
- 意図しない結果（例：真陽性もしくは真陰性、および偽陽性もしくは偽陰性の両方から生じる意図しない結果、無知な人・愚かな人・悪意のある人による使用）

注意してほしいのは、倫理的リスクを特定する他の多くのフレームワークとは異なり、私が「差別的なアウトプット」を独立したカテゴリーにしていない（それは重要な問題なのだが）点である。それは差別的なモデルが正義と公正を踏みにじるものである一方で、正義の要件を侵害する方法は他にもあるからだ。差別の問題に限定せず、より大きな視点で正義を捉えることが、デューデリジェンスの包括性を確保する上で不可欠である。同様に説明可能性も独立させていないが、それは、導入されるAIの対象となる人々から信頼を得、彼らを尊重するために説明可能性が必要となる場合、倫理的に重要であるかもしれないが、説明をしないということだけが信頼と尊敬を裏切る行為ではないからだ。ここでも包括性を確保するためには、より広いカテゴリーを考慮する必要がある。そのカテゴリーに含まれる一部の要素が、特別な注意を払うに値するものだとしてもだ。

第2に、さまざまなステークホルダーの明確化である。たとえばAIのユーザー、AIによる予測の対象者、AIの大規模な展開によって影響を受ける可能性があるコミュニティや集団、といった具合だ。

第3に、こうしたさまざまなステークホルダーが、あなたの製品によって、前述の各種カテゴリーに分類される、どんな不当な扱いを受ける可能性があるかを評価することである。

第4に、リスクの優先順位付けである。これは、誰かに対する不当な扱いが生じる確率と、その不当性の程度に照らし合わせて行われる（私たちは普段、人を不当に扱う行為の重さについて話すことはないが、理不尽な殺人と、理不尽な突き飛ばしはどちらも不当である一方、前者は後者よりも明らかに不当性の程度が大きい）。

これらをすべて組み合わせると、表7-1のようなツールになるはずだ。

この表は、製品の導入による実際の影響を評価する際にも使用できる。もちろんこの表に記入するのは、チームが倫理的リスクを調査した結果だ。その調査をどのように行うかという点についても、さまざまなツール（手法）がある。たとえば、各カテゴリーに関する質問リスト（チェックリストのよ

表7-1

倫理リスク・デューデリジェンス・フレームワーク

	身体的損害	精神的損害	自主性	信頼と尊敬	人間関係と社会的結束	社会正義と公正	意図しない結果
ステークホルダーA（特定の集団など）	高	中	中	低	高	低	高
ステークホルダーB（国やコミュニティなど）	中	高	中	高	高	低	低
ステークホルダーC	高	低	高	低	低	中	高
ステークホルダーD	低	低	中	低	高	中	低

低リスク
中リスク
高リスク

うなもの）を用意する、AI倫理声明とAI倫理判例が該当事案にどう関係するかを検討する、プライバシーの5つの倫理レベルのうちどこまで達成するかを検討する、ディシジョンツリーを使用して説明可能性が重要かどうかを判断する、プレモーテム分析（物事が上手くいかなくなったと想定して、どうしてそうなったのかを逆から考えてみる）を行う、などが考えられるだろう。あるいはステークホルダーのインタビュー・調査・分析、倫理的レッドチーム（製品を倫理的な視点で分解してみる）の実施、悪魔の代弁者を演じる（製品を倫理的に貶めるような主張をしてみる）、天使の代弁者を演じる（製品を可能な限り倫理的に美化するような主張をしてみる）、そして前述のように、倫理の専門家に相談したり、議論のファシリテーションを依頼したりといったことも考えられる。

だが要注意！　このような問題を話し合うためにチームが初めて集まると、誰かが倫理の主観性について議論を始め、検討を停滞させてしまう可能性がある。そのようなときは、第1章を読むように伝えてほしい。あるいはもっと良いのは、この新しい検討を第1章の議論から始めて、同じことをチームに新しいメンバーを受け入れる過程にも組み込むことである。

最後に、こうした検討の後で、製品に加えることで表の黒やグレーを白に変えるような大小の変更について考える必要がある。

デューデリジェンスの結果、特定された倫理的リスクを軽減するには、チームを越えた協力が必要だと分かる場合もある。たとえば、デューデリジェンス・プロセスにモデル開発者が関わっているが、データ収集者は関わっていないというケースで、差別的なアウトプットが製品の倫理的リスクとして特定されたとする。この場合、前者は後者と（トレーニング用の）データセットがどのようなものであるべきか、別の言い方をすれば、どのようなものであってはならないかを議論する必要があるだろう。一方でモデルが導入された後では、データ収集者は、AIソフトウェアが取り込むデータや、再トレーニングに使用するデータを問題が起きる前からモニタリングしなければならない。その結果得られた情報を製品開発チームが引き継いで、倫理的リスクを適切に再評価し、リスク軽減戦略を策定・実行する必要がある。たとえば別のデータ収集方法を考案する、合成データでデータを補強する、新しいデータを修正するといった具合だ。

ツールとプロセスは重要だ。しかしそれは、製品チームが達成しようとしていることという、大きな枠組みの中に組み込まれて初めて意味を持つ。その例で言えば製品チームが達成しようとしているのは、自分たちが開発しているものや開発方法、その製品を手にする人のせいで人々が不当に扱われるという事態を避けることであり、それにあたって、どんな不当な扱いを特に防止すべきかということをAI倫理声明とAI倫理判例に照らして判断するのである。加えて言うと、こうした目標を達成するためのツールは、前章で説明したような大きな組織的枠組みの中に組み込まれていてこそ機能する。開発者へのツールの提供から始める必要があるという発想でAI倫理リスクの軽減に取り組むことは、ゴール地点からレースを始めるようなものだ。

まとめ

- 製品チームがAI倫理リスクの軽減に取り組む際、帰結主義や義務論、徳倫理学といった道徳理論に焦点が当てられる場合が多い。しかしこうした理論について話したり、それらを適用したりすることは、回避するべきだ。

- いま人に「害」を与えるのを避けることに大きな焦点が当てられているが、誰かを不当に扱うのを避けることに焦点を当てる方が望ましい。害を与えることは、誰かを不当に扱うことの中に含まれるからだ。

- 倫理に関する専門知識というものが世の中には存在し、そうした知識を持つ人々を「倫理学者」と呼ぶ。彼らを議論に参加させよう。

- 開発・調達・導入する製品の倫理的リスクの特定に関して、注目すべき5つの論点がある。各論点には、倫理的リスクに関する質問が付随している。
  1. つくるもの
     開発（もしくは購入）しようとしているものに、どのような倫理的リスクが潜んでいるか？
  3. つくる方法
     製品の開発方法によって、どのような倫理的リスクが生まれるか？
  4. 製品の利用のされ方
     倫理的なリスクが伴う、どのような方法でその製品が使用される可能性があるか？

5. それによって被る影響
製品を導入した後に生じる（一部既に生じている）倫理的リスクとはどのようなものか？
6. その影響に対してすること
導入後に発見された倫理的リスクにはどう対処するのか？

● あなたのチームは、倫理的リスクのデューデリジェンス・プロセスを実行する必要がある。そのプロセスには、最低でも次の要素が含まれる必要がある。
   - 倫理的リスクのカテゴリー分類（このカテゴリーが、発生する可能性のあるすべての倫理的リスクを網羅していること）
   - さまざまなステークホルダーの明確化
   - 倫理的リスクの各カテゴリーにおいて、各ステークホルダーがあなたの製品からどのような不利益を被る可能性があるかについての評価
   - ステークホルダーが不当な扱いを受ける確率とその程度を考慮して、リスク軽減の優先順位を付ける方法
   - どのようなリスク軽減策を、いつ、誰が実行すべきかを決定する方法

結論

2つの秘密

いまあなたが、AI倫理に関するカンファレンスに参加し、そこで開かれたレセプションでこのテーマについて議論している参加者のグループに加わろうとしているとしよう。そのとき何が起きるか、私は自信を持って予想できる。

まずはお馴染みのフレーズやバズワードをいくつも耳にするだろう。説明責任、透明性、説明可能性、公平性、監視、ガバナンス、信頼性、責任、ステークホルダー、フレームワーク。いずれ誰かが「ブラックボックス」と言い出すはずだ。

次に、暴走するAIがもたらす脅威について、皆が悲嘆にくれるだろう。偏りのあるデータセット！　説明不可能なアルゴリズム！　プライバシーの侵害！　人をひき殺す自動運転車！

そして最後に、まっとうな懐疑論に行き着く。「AI倫理を定義することなんてできない」と誰かが言うかもしれない。そして「すべてに計画を立てることはできない」。もちろんその通りだ。さらに「何が正しくて何が間違っているのかは、人々の個人的な見解に過ぎない」。あるいは、より具体的に「なぁ、どうやって倫理原則を運用可能なものにするんだ？」と言う人もいるだろう。KPIについて何か口にする人もいるかもしれない。

このような議論の末に、皆が肩をすくめるだろう。というのも、ほとんどの場合、人々はその基礎にあるものを（よく）理解できていないのに問題を提起し、そしてカンファレンスを開催してお互いにバズワードを投げ合った後で、「AI倫理はもちろん不可欠だが、同時に極めて、極めて難しいものだ！」と宣言するからである。

しかし、あなたは違う。本書をここまで読み終えたあなたなら、その基礎が見えているはずだ。ビジネスと倫理の両方の観点から、何が問題なのか見えている。そして、それを理解したいま、AI倫理はそれほど難しいものではないことが理解できているだろう。

もし同僚から「われわれもAI倫理について何か発信しなければ」と言われたら、あなたは意味のある文書がどのようなもので、何が表面的なPRなのかが分かるはずだ。

もし同僚から「このAI倫理ってやつは、AIを扱う連中のためのものだ。技術的な話だろ。さっさとやるように彼らに言ってくれ」と言われたら、それがいかに貧弱な理解なのかを分かっているはずだ。

ある企業があなたのところにやって来て、「責任あるAIのためのソリューションがあります」、あるいは「AIのバイアスに関するソリューションがあります」と言うかもしれない。そのソフトウェアは、それだけですべての問題を解決できるわけではないということが、いまのあなたには分かっているはずだ。

あなたは他にも多くのこと、たとえば適切な公正さの指標を設定する上で人々が果たす役割などを理解しているだろう。またAIが何をしているのかを知る必要がある場合と、それがあまり重要でない場合があることも知っている。プライバシーとは単なる匿名性の話ではなく、加えていくつかのレベルに分けられることも知っている。本当に役立つAI倫理声明をどうやってつくればいいのかや、単に「AI倫理を重視している」と言うだけでは従業員がAI倫理を真剣に受け止めてくれるとは限らないことも知っている。それを実現するためにはストラクチャーが必要になることも知っている。そして何より、ソフトウェアだけでは実質的な倫理問題を扱うことも、AI倫理リスクを体系的かつ包括的に特定・軽減するために必要な組織改革を進めるのも不可能であることを知っている。要するに、ソフトウェアがその役割を果たせているというのであれば、それはソフトウェアが組み込まれるべきエコシステムが分かっているということだ。

AI倫理の全体像(ランドスケープ)を見わたしたいま、あなたはそこを自在に行き来することができる。

そしてここまで到達したあなたに、ある秘密を打ち明けよう。実はその秘密は2つある。

第1の秘密は、本書の中にはもう1冊、別の本が含まれていることである。第1章および第5章〜第7章を1冊の本と見なして、そこで使われている「AI倫理」という言葉から、「AI」を削除してみてほしい。そうして得られるのが、組織の倫理的価値観を明確にし、運用する方法について書かれた本である。あなたがAIを開発しているのか、人々の手にマイクロチップを埋め込んでいるのか、それとも単にボトル入りのコーヒーを販売しているだけなのかは関係ない。倫理的に健全な組織を作り、規模を拡大し、維持する方法が、このパートに書かれている。もしあなたが倫理的に健全なAIをつくるだけでなく、倫理基準に真剣に取り組む組織をつくることを目指しているなら、そのことを念頭に置いて、これらの章を読み直してみてほしい。

第2の秘密は、本書はAI倫理について書かれているものの、AI倫理についてだけの本ではないという点だ。本書は倫理的な探求の価値について、また哲学的な探求の力と重要性について語った本である。

AI倫理を理解してもらうために、本書で紹介した数々の演習(「ストラクチャー」と「コンテンツ」を区別する、道具的価値と非道具的価値、ならびに倫理的価値と非倫理的価値を区別する、誰かに害を与えることと不当に扱うことの違いを理解する、マシンによる説明と人間による説明を区別し、いつ、なぜそれが重要かを評価する、倫理は主観的であるという考えを批判的に検討する、何が良い説明の構成要素なのかを分析する、プライバシーの倫理的レベルを特定し、どういうときにどのレベルが適切かを考える、善意と、自主性の尊重の間にある緊張関係を明らかにする、製品開発における倫理的に重要な問題を解明する）は、そのすべてが哲学の実践なのである。これらの区別、概念、および分析によって、これまで把握できていなかったAIの全貌を見渡すことができたとすれば、哲学的分析が役に立つこともあなたは理解したはずだ。これらの概念を理解し、内面化し、考えることで、あなたは哲学を実践していることになる。

本書の主要な論点は、本質的に哲学的なものだ。ストラクチャー（何をすべきか、どのようにすべきか）は、コンテンツ（倫理的リスク、およびそれがどのように生じるか）に対する理解から生まれる。コンテンツを深く理解するまで、倫理はぐにゃぐにゃで主観的なものに見え、どうすれば大惨事を避けられるか見当もつかない。AIを理解するだけでは不十分なのだ。リスクとコンプライアンスを理解するだけでも十分ではない。AIの倫理的リスクをしっかりと、かつ効果的に軽減するためには、「バイアスは悪い」とか「ブラックボックスは怖い」というレベルをはるかに超えて倫理を理解する必要がある。

あなたは目を丸くして、無関係だと主張するかもしれないが、哲学は、みなが重じる進歩において不可欠であることが判明しているのである。

謝辞

本書は私が予想もしていなかった、そして準備を進めていたことにも気づいていなかった旅の終着点（もしくは願わくば、その中間点）に位置するものだ。あまりに多くのステップを踏んできたため、ここでそのすべて語ることはできないし、思い出せないほど多くの人々のおかげで、この旅を全うすることができた。しかし、その中でも特に印象に残っている人々がいる。

ブラッド・コクレットとグハ・クリシュナムルティには、この原稿に目を通してもらい、貴重な意見を頂いた。本書に誤解を招く記述や、単に間違った記述があるとすれば、彼らが適切な非難の対象であることをここに認める。

アレックス・グルザンコウスキーとエリック・フォーゲルシュタイン。私は2人に原稿を読んでくれるよう頼んだが、彼らは拒否した。友情における大失敗だと言わざるを得ない。他に2人、原稿を読むと約束したのに、読んでくれなかった人物がいる。しかし私は、その名前をおどけて口にできるほど彼らとは親しくないと認めなければならない。私の生涯で唯一の心残りは、彼らがこの文章を読むことはなく、したがってそのことに罪も恥も感じないだろうということだ。

ブレア・ベイダ、ブレント・ワイゼンバーグ、エリック・コリエル、エリック・シウィ、デビッド・パーマー、ジャレッド・ディーチはみな素晴らしい人々で、私の人生に大きなプラスの影響を与えた。しかし本書に対する彼らの影響は、比較的小さいものであることを認めなければならない。

私の祖父母であるリタとハーブ・ダイヤモンド（通称「ジージー」と「ポ

ピー」）は、強烈さと軽快さを同時に持ち合わせていた。彼らはあなたをじっと見て、くだらないと言い、次の瞬間には冗談を言うような人物である。彼らは好奇心旺盛だった。限界に挑戦した。物事を違った角度から見た。不遜な態度を取ることもあった。私の編集者、素敵なスコット・ベリナートは、本書における私の「声」についてたびたび語っている。しかしこれは、私の声ではない。ジージーとポピーの声なのだ。私に問題を深く掘り下げようとする傾向があるのも、プロ意識が欠如しているのも、その原因は彼ら、彼らだけにある。

私の両親、ランディとブラッド・ブラックマンは、まったく理不尽なほどの自信を私に植え付けた。おかげで私は、哲学の博士号を取得する、その後ひどい市場で就職する、さらには倫理コンサルティング会社を立ち上げて成長させるなど、無理だと思えるようなことでもできないとは考えられない人間になった。彼らの絶え間ない信頼と狂おしいほどの愛情は、これまでも、そしてこれからも、私の拠り所となるだろう。

まだ付き合っていた頃、初めての海外旅行で、妻と私はペルーのあまり有名ではない町でレンタカーを借りた。そして二人乗りのバイクと衝突し、パトカーに乗せられると、警官から酒を飲んでいるのかと聞かれた。後部座席にいたリア（またの名を「トゥーツ」）は、すぐに激怒し、「いいえ！　ヌンカ！（スペイン語で『まったく違う』の意味）」と叫んだ。8年後、私が学問の世界から離れてビジネスを始めたとき、彼女の収入なしには、ビジネスを軌道に乗せることはできなかっただろう。そしてもし彼女が、私が本書の執筆に取り組んでいる週末に、2人の幼い子供の面倒を見てくれなかったら、いまあなたはこの文章を読んではいないだろう。すべてのことにおいて、私が前に進めているのだとすれば、それは彼女が私の背中を押してくれているからにほかならない。

訳者あとがき

本書は2022年7月に出版された、*Ethical Machines: Your Concise Guide to Totally Unbiased, Transparent, and Respectful AI*（倫理的なマシン：完全にバイアスがなく、透明性の高い、人を尊重するAIを実現するための簡潔なガイド）の邦訳である。副題が示す通り、AIすなわち人工知能を開発・運用する際に、倫理面での対応をどう進めるかを解説したガイドブックだ。

本書のタイトルを見て興味を引かれた、という方は、既にご自身の会社や組織の中でAI倫理に取り組まれているのかもしれない。AI倫理という捉えどころのない（本書はそれを「ぐにゃぐにゃ」と形容している）ように感じられるテーマとどう向き合い、実現すればいいのか、途方に暮れている状態だという方もいらっしゃるだろう。だとしたら、本書は実務ですぐに役立つ、具体的なアドバイスを提供する一冊となるはずだ。

AI倫理に初めて触れるという方のために、この問題について簡単に解説しておこう。

2000年代半ば頃から始まった「第3次AIブーム」によって、AIはすっかりおなじみの存在となった。実現される性能に差はあれど、私たちの日常生活にも、さまざまな形でAIが関わるようになっている。まるで本物の人間のように会話してくれるチャットボットや、ユーザーの発話を聞き取り、指示された作業を実行するスマートスピーカー、さらには飲食店の中や一定の地区内を自動で動き回る配送ロボットなど、一昔前であればSFの中だけの話だったものが、既に実用化されている。また顔認識や各種審査に使われるシステムのように、AIが判断を行っていると明言されていなかったり、間接的な形でエンドユーザーに影響を及ぼしたりするものも多い。

そのため人間とAIの関係における問いは、「どうすればAIを実務で使えるか」ではなく、「どうすれば実務で導入したAIに、悪いことをさせないようにできるか」に移りつつある。そして実際に、数多くの企業において、開発したAIが「悪いことをしてしまう」事例が発生している。

たとえば本書でも紹介されている、アマゾンの履歴書審査AIのケース。AIのバイアス問題を象徴する例として各所で取り上げられているので、聞いたことがあるという方も多いだろう。

アマゾンは自社の人材採用プロセスを効率化するために、応募してきた人物の履歴書をAIに解析させ、次の選考過程（人間による面接）に進めるべきかどうかを判断させることを思いついた。そして実際に開発を行い、完成したAIをテストしていたところ、女性を不当に低く評価するというバイアスが確認された。報道によれば、アマゾンは2014年からこのAIの実現に取り組んでいたものの、バイアス問題を克服できないとして2017年には利用を諦めたという。数年がかりの取り組みが、失敗に終わってしまったわけだ。

AIの開発費用が無駄になったという損失だけでも大きかったはずだが、仮にこのバイアス問題が見過ごされ、実際の採用現場で使用されていたら、アマゾンは評判の低下によってさらなるダメージを被っていただろう。差別を禁止する法律や条例に違反したとして、何らかの訴訟を起こされていた可能性もある。また大げさかもしれないが、AIによって面接にまでたどり着けなかった応募者にとっては、一生を左右する問題となっていたかもしれない。

アマゾンといえば、いわゆる「GAFA」、すなわちグーグル、アップル、フェイスブック（現在は「メタ」に社名変更）、そしてアマゾンという、IT業界を牛耳る大手4社の一角に挙げられるほど、先進的な技術の利用で世界をリードする存在だ。そのアマゾンですら、AI倫理をめぐってつまずいた経験を持つわけである。

さらに言えば、偏見や差別だけがAI倫理のテーマではない。本書で詳しく解説されている通り、説明可能性やプライバシーといったさまざまな価値がAI倫理に含まれる。そうした複数の価値はトレードオフの関係にあり、どうバランスを取るかという問題にも向き合わなければならない。AIが絵空事ではなく、人々の日常生活に欠かせない存在になればなるほど、問題が発生する領域も規模も拡大する。このようにAI倫理は、避けて通れないどころか、多くの人々にとっていますぐ取り組むべき課題になりつつあるわけだ。

そして実際に、さまざまな企業や組織、政府において、AI倫理への対応が始まっている。

たとえば2017年1月、米カリフォルニア州アシロマにAIの研究者や倫理学者、法律学者など各分野の専門家が集まり、AI研究やAI利用の今後について指針を示した「アシロマAI 23原則」を発表している。この23原則の2番目のセクションが「倫理と価値観」であり、安全性やプライバシー、（人間の）価値観との一致といった項目について、あるべきAI利用の姿が示されている。これは単なる宣言であり、何ら拘束力はないものの、その後のAI倫理をめぐる議論の土台となった。

翌月の2017年2月には、日本のAI研究者たちが加盟する人工知能学会から、「人工知能学会 倫理指針」が発表されている。これは同学会の学会員、すなわちAI研究者たちが守るべき倫理指針だが、AI開発・利用にあたって留意すべき点という形で、プライバシーの尊重や公平性、安全性などAI倫理の主な論点が提示されている。

また日本政府からは、同じく2017年に「国際的な議論のためのAI開発ガイドライン」（総務省）、そして2019年に「人間中心のAI社会原則」（内閣府）が発表されている。いずれもAIの開発や利用において、開発者や企業、運用されるAI自体が守るべき倫理的な原則を示す内容が含まれている。

2010年代後半には、他の国々や地域においても、こうした政府や国際機関、非営利団体によるガイドライン類の発表が相次ぎ、AI倫理に人々の関心が集まることとなった。

それを受けて、企業の側でAI倫理に関する宣言や、指針を発表する動きが生まれている。

たとえばソニーは、早くも2018年に「ソニーグループAI倫理ガイドライン」を発表している。これは「ソニーの全ての役員および従業員がAIの活用や研究開発を行う際の指針」を定めたものと位置付けられ、プライバシーの保護や公平性の尊重、透明性の追求といった価値が宣言されている。ちなみに同社は、このガイドラインに基づいてグループ内のAI利用を検証する組織として、翌2019年に「ソニーグループAI倫理委員会」を設置している。同委員会は役員レベルを委員に任命しており、リスクが大きいAIについて検討し、「是正あるいは中止に関する勧告を行う」意思決定を行うそうだ。

また日立製作所も、2021年に「AI倫理原則」を策定し、広く公開している。宣言は3つの「行動規準」と、安全性や公平性、プライバシー保護などの観点で定めた7つの「実践項目」で構成されており、実践項目の中で、プライバシー保護や公平性などの価値を追求することが規定されている。また今後、AI倫理確立に向けた取り組みをホワイトペーパーとして公開することも宣言しており、具体的な取り組み状況まで公表する構えを見せている。

他にも数々の著名企業がAI倫理原則やそれに準ずるものを発表するようになっており、2020年代前半までに、AI倫理は企業が取り組むべき課題として認識されるようになったと言える。

とはいえAI倫理は、「AI倫理声明」を出せば放っておいても実現・実践されるというたぐいのものではない。各社のAI倫理声明や指針をいくつか見ればわかるように、そこで触れられる価値はほぼ共通している。「実現すべきと主張されている価値」自体は、公平性やプライバシーなどほぼ同じ要素から構成されている。問題はそうした文書をどう実践に移し、本当に役立つものにしていくか、である。

そこでこの分野において、具体的なアドバイスを提供する書籍や各種サービスが登場しており、本書もその中の一冊というわけだ。

本書の特徴は、なんといっても、企業のAI倫理確立に向けた取り組みを支援してきた人物による著作という点だろう。著者のリード・ブラックマン博士はかつて、ノースカロライナ大学とコルゲート大学で哲学の教授をしていたという異色の経歴を持つ人物だ。しかし本書でまとめられている各種アドバイスは非常に実践的で、また「AI倫理の議論を始めると、皆が肩をすくめて終わる」などといった描写は、この問題に取り組まれている方々は思わず首肯されるのではないだろうか。筆者も企業のAI導入およびガバナンス構築に携わった経験を持つが、彼が目を向け、重要であると認識しているトピックは、実務面でのAI倫理検討に携わっている人物ならではという印象を受けている。

それもそのはず、彼はノースカロライナ大学とコルゲート大学の教授職を辞した後で、ヴァーチューという企業を立ち上げ、その創業者兼CEOを務めている。ヴァーチューは、新しい技術を使った製品の開発・調達・導入における倫理的リスクの軽減を支援するサービスを提供している。そして本書でもたびたび言及されている通り、彼自身もそうした支援の現場に立ち、幅広い業界や組織階層の顧客とやり取りしている。本書はそうした現場の中で彼自身が目にしてきた、「AI倫理を導入しようとすると企業内で何が起きるか」という知識に基づいたアドバイスが盛り込まれており、理論一辺倒の参考書とは一線を画すものとなっている。また現場の担当者や開発者はどう対応すべきかだけでなく、経営陣は何を考えるべきかという視点からも提言を行っており、本書の価値を高めている。

もちろん理論を軽視しているわけではない。彼は倫理学者という本職の知識を活かし、倫理とは何か、倫理を実生活で役立てるとは何を意味するかといった点にも触れ、平易な言葉で説明してくれている。また本書をすべて読み終えていない、という方には少々ネタバレになってしまうが、結論のパートで示されている通り、本書で整理されているアドバイスは「AI倫理」だけに当てはまるというものではない。企業内でさまざまな倫理的価値を追求する際に、それを「倫理宣言」のようなお題目ではなく、実効力のあるルールとして定着させようとした際に、幅広く役に立つ内容となっている。

デジタル技術の進化はまだまだ続いている。企業はこれから、AI以外にもさまざまな先端技術を導入した際に、それを倫理的に開発・運用することを求められるようになるだろう。実際に近年、「企業の社会的責任（CSR：Corporate Social Responsibility）」と同様の概念として、「企業のデジタル責任（CDR：Corporate Digital Responsibility）」を求める声があがっている。CSRが企業に倫理的な観点から事業を行うように迫るものであるのと同様に、CDRは、企業が倫理的な観点からデジタル技術を活用するよう求めるものだ。AI倫理は、このCDR時代の先駆けとなる存在だと言えるだろう。

本書がAI倫理を超え、企業がデジタル技術を倫理的に利用する際のガイドブックとして、幅広く役立てられることを願っている。

小林啓倫

原注

イントロダクション

1 Phil McCausland, "Self-driving Uber car that hit and killed woman did not recognize that pedestrians jaywalk," NBC News, November 9, 2019, https://www.nbcnews.com/tech/tech-news/self-driving-uber-car-hit-killed-woman-did-not-recognize-n1079281.

2 Melanie Evans and Anna Wilde Mathews, "New York Regulator Probes UnitedHealth Algorithm for Racial Bias," *Wall Street Journal*, October 26, 2019, https://www.wsj.com/articles/new-york-regulator-probes-unitedhealth-algorithm-for-racial-bias-11572087601.

3 Jeffrey Dastin, "Amazon scraps secret AI recruiting tool that showed bias against women," Reuters, October 10, 2018, https://www.reuters.com/article/us-amazon-com-jobs-automation-insight/amazon-scraps-secret-ai-recruiting-tool-that-showed-bias-against-women-idUSKCN1MK08G.

4 Kate Conger, Richard Fausset, and Serge F. Kovaleski, "San Francisco Bans Facial Recognition Technology," *New York Times*, May 14, 2019, https://www.nytimes.com/2019/05/14/us/facial-recognition-ban-san-francisco.html.

5 Julia Angwin et al., "Machine Bias," *ProPublica*, May 23, 2016, https://www.propublica.org/article/machine-bias-risk-assessments-in-criminal-sentencing.

6 "2020 in Review: 10 AI Failures," *Synced*, January 1, 2021, https://syncedreview.com/2021/01/01/2020-in-review-10-ai-failures/. Chapter 2

第2章

1 Julia Angwin et al., "Machine Bias," *ProPublica*, May 23, 2016, https://www.propublica.org/article/machine-bias-risk-assessments-in-criminal-sentencing.

2 Alexandra Chouldechova, "Fair Prediction with Disparate Impact: A Study of Bias in Recidivism Prediction Instruments," paper, Cornell University, February 28, 2017, https://arxiv.org/abs/1703.00056.

3　この「コンテンツからストラクチャーを導く教訓」は、公平性のための適切な指標を選択することについてである。ここで言う「適切」であれば、異なるユースケースには異なる公平性指標が適切であるというだけでなく、異なる公平性指標は異なる形でAIの精度を変化させるということにもなる。その結果、トレードオフによってもたらされるさまざまな落とし穴が、どの公平性指標を使用するかの決定において重要になる。公平性への配慮が、極めて正確なAIを望む声と対立し得る点については、次の書籍で素晴らしい解説がなされている。Michael Kearns and Aaron Roth, *the Ethical Algorithm* (New York: Oxford University Press, 2020), chapter 2.

4　Joy Buolamwini and Timnit Gebru, "Gender Shades: Intersectional Accuracy Disparities in Commercial Gender Classification," Proceedings of the 1st Conference on Fairness, Accountability and Transparency, 2018, http://proceedings.mlr.press/v81/buolamwini18a.html.

5　Tom Simonite, "When It Comes to Gorillas, Google Photos Remains Blind," *Wired*, January 11, 2018, https://www.wired.com/story/when-it-comes-to-gorillas-google-photos-remains-blind/.

6　Alice Xiange, "Reconciling Legal and Technical Approaches to Algorithmic Bias," *Tennessee Law Review* 88, no. 3 (2021), https://ssrn.com/abstract=3650635.

7　もしあなたがデータサイエンティストだったら、私がいつも精度（accuracy）の話ばかりしていて、適合率（precision）や再現性（recall）、ましてや調和平均（harmonic mean）の話をしないと怒りたくなるかもしれない。お怒りはごもっとも。これらは特定のモデルを評価するという詳細に立ち入る場合に議論すべき重要なポイントである上、モデルの潜在的な倫理的意味合いに関係する。しかし本書の読者はより一般の人々を想定しているので、データサイエンティストの方々は私と個人的に議論されたし。

8　Bo Cowgill et al., "Biased Programmers? Or Biased Data? A Field Experiment in Operationalizing AI Ethics," research paper, Columbia Business School, June 24, 2020, https://papers.ssrn.com/sol3/papers.cfm?abstract_id=3615404.

第3章

1　ここで問題になるのは、説明可能性と正確性の間の緊張関係だ。公平性と正確性の緊張関係については、第2章の注3において若干の解説がなされている。

2　これはディープマインド社の人工知能ソフトウェア「アルファ碁（AlphaGo）」が、世界的に有名な棋士であるイ・セドルと囲碁の対局を行った際に起こった有名な話である。このソフトウェアは、囲碁の専門家全員がまったく予想しなかった一手（37手）を打ったが、それは「天才」の一撃だった。https://www.wired.com/2016/03/two-moves-alphago-lee-sedol-redefined-future/.

第4章

1　Todd Feathers, "Tech Companies Are Training AI to Read Your Lips," Vice, June 14, 2021, https://www.vice.com/en/article/bvzvdw/tech-companies-are-training-ai-to-read-your-lips.

幕間

1　哲学者仲間であるフィリップ・ウォルシュのおかげで、最初は馬鹿にしていたこの問題について真剣に考えるようになった。この章はあなたのものだ、フィル。

第5章

1　"Seven Principles for AI: BMW Group Sets Out Code of Ethics for the Use of Artificial Intelligence," BMW Group, press release, December 10, 2020, https://www.press.bmwgroup.com/global/article/detail/T0318411EN/seven-principles-for-ai:-bmw-group-sets-out-code-of-ethics-for-the-use-of-artificial-intelligence?language=en.

2　"Guidelines for Artificial Intelligence," Deutsche Telekom, n.d., https://www.telekom.com/en/company/digital-responsibility/details/artificial-intelligence-ai-guideline-524366.

3　Corinna Machmeier, "SAP's Guiding Principles for Artificial Intelligence," SAP, September 18, 2018, https://news.sap.com/2018/09/sap-guiding-principles-for-artificial-intelligence/.

4　同上。

5　"Artificial Intelligence at Google, Our Principles," Google AI, n.d., https://ai.google/principles/.

6　この例は、デイヴィッド・ヒュームが『道徳原理の研究（*An Enquiry Concerning the Principles of Morals*）』（松村文二郎、弘瀬潔訳、春秋社）の「付録Ⅰ　道徳感情について（Appendix I: Concerning Moral Sentiment）」で行った有名な議論からきている。

7　実際はもう少し複雑だ。場合によっては透明性を保つこと、つまり誰かとオープンにコミュニケーションを取ることが、その人を尊重することの構成要素（の一部）になる場合がある。そのような場合、透明性を保つことは非道具的価値、あるいは少なくとも単なる道具的価値以上のものであると見なすことができるかもしれない。

第6章

1　「そしてどんな事柄においても、快いものと快楽をもっとも警戒すべきである。なぜならわれわれは、快楽を無私な気持ちでは判定しないからである」〔『ニコマコス倫理学(上・下)』(渡辺邦夫、立花幸司訳、光文社古典新訳文庫)〕。Aristotle, *Nicomachean Ethics*, W. D. Ross, trans., revised by J. L. Ackrill and J. O. Urmson (New York: Oxford University Press, 1984), Book II.9.

2 Uri Berliner, "Wells Fargo Admits to Nearly Twice as Many Possible Fake Accounts—3.5 Million," NPR, August 31, 2017, https://www.npr.org/sections/thetwo-way/2017/08/31/547550804/wells-fargo-admits-to-nearly-twice-as-many-possible-fake-accounts-3-5-million.

索引

AI　→人工知能
AIEC　→AI 倫理委員会
AI 倫理委員会　150–151, 152–157, 172
BMW グループ　120
CCPA（カリフォルニア州消費者プライバシー法）　95–96
Coded Bias（ドキュメンタリー映画）　174
COMPAS　47, 49
GDPR（一般データ保護規則）　95–97, 102
IRB　→倫理審査委員会
KPI（重要業績評価指標）　138, 143–144, 159–160
ML　→機械学習

あ行

アマゾン　12, 21–22, 148
アルゴリズム　17–19
アンダーサンプリング　52, 56–57
インフォームドコンセント　78–79
ウェルズファーゴ　158
ウーバー　12, 43
エンドユーザー　87–88, 176–177
オーナーシップ
　倫理声明の——　123–124
　専門知識と——　149–157
　リスクプログラムの——　144, 160–161
オプタム　12, 148
オプトイン／オプトアウト　103

か行

害　164, 167–172
開発（AI の）　118–122, 163–185
　——における価値　122–124
顔認識　12, 23, 51–52, 94–95, 174–175
価値（価値観）
　抽象的——　124–125, 128–130
　AI 倫理声明における——　119–122
　具体的——　130
　ミッションと目的につなげる　132–133
　倫理的悪夢　130–132
　ギャップ分析　138
　道具的価値／非道具的価値　124–128
　倫理声明の例　136–137
監視　149–157, 164–165, 172–173
機械学習
　アルゴリズム　17–19
　バイアス　47–54
　3 つの主要課題　19–22
　定義　16–18
　インプット　47–48
　トレーニング　17–19, 51–52
グーグル　18, 128
クリアビュー AI　94–95
グレーゾーン　144–146
グローバル説明　73–74, 83
敬意　180
　倫理声明と——　125, 127–128
　説明可能性と——　75–77, 79–80
　プライバシーと——　111–112
権限（AI 倫理委員会）　155–157
ケンブリッジ・アナリティカ　95, 98–99, 105
公正さ　128–130, 181, 187
　——の指標　47–50
コミュニケーション　133–134

倫理声明の―― 138
組織の認識と―― 143, 148–149
コンテンツ
定義 24
倫理声明における―― 121–122
ストラクチャーとの対比 23–27
――から分かる取るべき行動 130–137
コンテンツからストラクチャーを導く教訓 50, 52, 53, 54, 74, 84, 88, 108, 110
コントロール 100–102, 104–108

さ行

サイバーセキュリティ 96–97
差別 46–47
アルゴリズムにおける―― 19, 21–22
定義 129–130
顔認識と―― 175–176
アプトプットと―― 180–181
――的な学習データ 55–57
――がどこから生じうるか 54–55
賛同（組織内の） 30, 41, 44, 138–139
閾値 59–60, 70
指標 188
――の選択 50–51, 53
互換性がない 49–50
KPI 143–144, 158–160
MLの正当性のための―― 47–50
従業員メールの監視 86–87
住宅ローン 67–71
主観 9–10, 29–32, 186–187
倫理的信念と倫理 32–35
プロダクトデザインと―― 181–183
消費者 103–108
消費者の認識 42–44
自律性 93, 99–101, 104, 169–170, 180
人工知能 11–19, 28, 119–122, 148–149
真実 36, 38–39
――のコミュニケーション 134
説明可能性と―― 85
信念 32–35
信頼
倫理的リーダーシップ 43–44
透明性と―― 126–127
ステークホルダー 62–64, 169–171, 181
ストラクチャー
定義 23–24
倫理声明における―― 121–122, 130–137
――の明確化 159–160
責任 120, 122, 135
説明
良い―― 84–88
――の分かりやすさ 87–88
正当化のための―― 82–84
説明可能性 20–21, 67–91
倫理声明と―― 120, 127–128
グローバル説明 83–84
ローカル説明 83
――の重要性 75–77
マシンによる説明 72–74
人間による説明 71, 78–79
アウトプットがおかしい場合 80–82
戦略 10
バイアス緩和 51–52, 59–61
倫理声明 137–138
組織の認識 143, 148–149

た行

多様性と包括性 62–64
調達（AIの） 148–149
ツール 179–184
テストにおけるバイアス 57–58
データ
精度 74
匿名化 98–101

バイアスの防止　51–52
――のコントロール　102
人口統計――　59–60
経済的価値　100
収集と利用のインセンティブ　93–94
ラベル付き――　21–22
――収集のオプトイン／オプトアウト　103
保護とプライバシー　102
プロキシバイアス　56–57
――と尊重　111–112
バイアス源としての――　54–59
アンダーサンプリング　56
――の利用　112
データドリフト　178
デューデリジェンス　135, 180–183
道具的価値　124–128
導入（AIの）　118–122, 177–179
――後の影響評価　181–183
――における価値　122–124
透明性　120
AI倫理委員会　157
定義　126–127
倫理声明における――　125–127
プライバシー　102
読唇術AI　97
匿名性　98–100
トレーニング（機械学習）　17–19, 51–54
データのバイアス　55–59
バイアス緩和　59–61
――のためのモデル　94
プライバシーレベル　108

な行

人間による説明　71–72, 78–79
ノースポイント　12, 49–50

は行

バイアス　11, 21–22, 46–66
――の同定　51
学習前の特定　52–53
機械学習における――　47–54
――の指標　48–50, 53
緩和戦略　51–52, 54, 59–61
――の種類　53–54
――の出所　54–55
判例　145–147, 153
ビジネスモデル　109–110
非道具的価値　124–128
ヒューマン・イン・ザ・ループ　125–126
フェイスブック　12, 43, 94–95, 98–99, 105, 109–110, 148
不当に扱うこと　164, 167–172
プライバシー　19–20, 92–115
匿名　98–100
能力としての――　100–101
――のレベルの選択　111–112
データ収集と――　92–94, 103
データ利用と――　112–113
――侵害の定義　129
――リスクのレベル　102–108
倫理的リスクの視点　96–97
倫理声明における――　120
顔認識と――　23, 173–175
KPI　159
オプトイン／オプトアウト　103
権利としての――　101
サービスレベル　103–108
透明性と――　102
ブラックボックス　19, 20, 67–91
プロキシデータ　56–57
プロダクトデザイン　163–185
AI倫理委員会と――　154

——におけるリスクの発生　174–176
導入リスク　177–179
——における倫理の専門家　164, 171–173
人々を不当に扱わない　164, 167–172
プライバシー　94–95, 128–129
リスクの特定　173–179
——のためのツール　163–164
プロパブリカ　47, 49
ベンチマーク　57, 78–79, 112
ベンチマークバイアス　57
法
バイアスと——　54
プライバシーに関する——　95–97, 102
法的リスク　13–15

ま行

マシンによる説明　72–74, 87–88
目的関数のバイアス　58–59

や行

ユースケース　23, 50–52, 60, 74–75, 176

ら行

リスク
倫理的——の分類　179–180
説明可能性と——　68
——の特定　173–179
——の順位付け　181–183
プライバシーと——　96–97
役割別責任と——　157–158
リスク緩和　189
AI 倫理委員会　150–157
悪いことをしないAI　11–15
倫理的悪夢　130–132
倫理リスクプログラム　118–119
——のKPI　143, 158–160
ストラクチャーと——　25
リーダーシップ　141–162
責任　143–144, 157–158
AI 倫理委員会　157
リーダーのための結論　143–144
リーダーへの倫理的質問　141–142
倫理基準と——　143–147
専門家の監視　143, 149–157
組織の認識　143, 148–149
倫理審査委員会（IRB）　150–157
倫理声明　27, 118–140, 141
抽象的な価値　124–125, 128–130
作成する利点　137–139
AI 倫理委員会と——　153
取るべき行動を導くコンテンツ　130–137
倫理基準　143–147
——の例　120
ゴールと悪夢　135–137
オーナーシップ　119
標準的な——の問題点　121–130
信頼と——　43–44
——における価値　122–124
倫理的悪夢　130–132, 135–137
倫理的基準　143–147, 150–151
倫理的探究　35
倫理基準と——　143–147
倫理声明と——　139
——と主観　40–41
——のツール　163–164
——の価値　188–189
倫理の専門家　154, 164–165, 172–173
倫理判例　145–147
倫理リスクプログラム　118–119
——のためのKPI　143–144, 158–159
——のオーナーシップ　144, 160–161

[著者紹介]

リード・ブラックマン（Reid Blackman）

人工知能やその他のエマージングテクノロジーの開発、調達、導入における倫理リスク軽減をサポートするVirtue社の創設者兼CEO。アーンスト・アンド・ヤング社の人工知能諮問委員会の創設者の一人であり、IEEEのEthically Aligned Design Initiativeのメンバー、非営利団体Government Blockchain Associationの最高倫理責任者を務めている。2年ごとに世界で最も影響力のある経営思想家を選出するThinkers50の、Radar Class of 2023（次世代経営思想家）の一人に選ばれた。Virtue設立前は、コルゲート大学およびノースカロライナ大学チャペルヒル校で哲学の教授を務めた。また花火の卸売会社を設立したほか、空中ブランコのインストラクターだったこともある。コーネル大学で学士号、ノースウェスタン大学で修士号、テキサス大学オースティン校で博士号を取得。ハーバード・ビジネス・レビュー誌や、ウェブサイトのTechCrunch、Risk & Compliance e-magazine、VentureBeatに寄稿し、活動がウォールストリート・ジャーナル紙で紹介されたほか、世界各地のイベントや企業で講演を行っている。

[訳者紹介]

小林啓倫（こばやし・あきひと）

1973年東京都生まれ。筑波大学大学院修士課程修了。システムエンジニアとしてキャリアを積んだ後、米バブソン大学にてMBA取得。外資系コンサルティングファーム、国内ベンチャー企業などで活動。著書に『FinTechが変える！金融×テクノロジーが生み出す新たなビジネス』（朝日新聞出版）など、訳書に『情報セキュリティの敗北史』『操作される現実』『ドライバーレスの衝撃』『テトリス・エフェクト』（以上、白揚社）、『なぜ、DXは失敗するのか？』（東洋経済新報社）、『FUTURE HOME 5Gがもたらす超接続時代のストラテジー』（日本実業出版社）、『アマゾン化する未来』（ダイヤモンド社）などがある。

AIの倫理リスクをどうとらえるか
実装のための考え方

2023年7月12日　第1版第1刷発行

著　　者　リード・ブラックマン
訳　　者　小林啓倫

発 行 者　中村幸慈
発 行 所　株式会社　白揚社　© 2023 in Japan by Hakuyosha
〒101-0062　東京都千代田区神田駿河台1-7
電話 (03)5281-9772　振替 00130-1-25400
装　　幀　川添英昭
印刷・製本　中央精版印刷株式会社

ISBN 978-4-8269-0247-2